北京太庙
结构检测与保护研究

张 涛 著

学苑出版社

图书在版编目（CIP）数据

北京太庙结构检测与保护研究 / 张涛著 . — 北京：学苑出版社，
2020.10

ISBN 978-7-5077-6000-2

Ⅰ.①北… Ⅱ.①张… Ⅲ.①寺庙—宗教建筑—建筑结构—检
测—北京②寺庙—宗教建筑—保护—研究—北京 Ⅳ.① TU252

中国版本图书馆 CIP 数据核字（2020）第 174049 号

责任编辑：周 鼎 魏 桦
出版发行：学苑出版社
社 址：北京市丰台区南方庄 2 号院 1 号楼
邮政编码：100079
网 址：www.book001.com
电子信箱：xueyuanpress@163.com
联系电话：010-67601101（营销部）、010-67603091（总编室）
印 刷 厂：英格拉姆印刷(固安)有限公司
开本尺寸：889×1194 1/16
印 张：11.75
字 数：149 千字
版 次：2020 年 11 月第 1 版
印 次：2020 年 11 月第 1 次印刷
定 价：300.00 元

目录

第一章　太庙概况

1. 历史沿革

太庙位于明清皇城之内，紫禁城的左前方，午门至天安门间御道的东侧，隔御道和社稷坛遥相呼应。这是根据《周礼》"左祖右社"的都城规划理念进行设计和建造的，是明清两代皇家宗室文化的重要组成部分，也是祭祀文化的重要组成部分。

古代中国皇家的祭祖活动可追溯到夏代，自此历朝历代均建有太庙。商代的五庙是：考庙、王考庙、皇考庙、显考庙、太祖庙。

明清太庙位于紫禁城的左前方。明永乐十八年（1420年），依据《周礼》中古代王都"左祖右社"的规制，太庙与皇宫、社稷坛同时建造，是皇宫外朝的重要组成部分。

太庙往往被视为国家的象征，一旦改朝换代，太庙多被新朝统治者摧毁，因此明清太庙，是我国保存最完整的、规模最大的皇家祭祖建筑群。

明成祖朱棣迁都北京后，皇家在太庙合祀祖先。嘉靖十四年（1535年），明世宗把太庙一分为九，建九座庙分祀祖先。嘉靖二十年（1541年），其中八座被雷火击毁。皇帝和大臣认为这是祖先不愿意分祀而以雷火警示。嘉靖二十四年（1545年），重建太庙后，恢复了同堂异室的制度。正统十一年（1446年）、天顺元年（1457年）、弘治四年（1491年）、正德十五年（1520年）分别对太庙进行过部分小修；万历三年（1575年）进行全面的大修。太庙的规模不是一次形成的，因英宗时九庙已满，弘治四年明孝宗在寝殿后为太祖以前的四祖增建了祧庙。

顺治元年（1644年）清入关后，继承了汉族"敬天法祖"的传统礼制，把明代帝王神位移送到历代帝王庙，将清太祖、太宗的神主供奉于太庙。清代曾多次修缮太庙，特别是乾隆元年（1736年）、乾隆二十五年（1760年）、乾隆五十三年（1788年）对太庙进行大规模修缮、改建、添建。将太庙前殿东西各添建一间，使其由九间改为十一间；将后殿的五间改扩为九间，与中殿相同；并陆续添建了一些墙、门和辅助建筑。

辛亥革命推翻了清王朝的统治，象征皇权的太庙祭祖活动也随之消亡，太庙仍由清室保管。民国三年（1914年）社稷坛改为中央公园，在南外城墙上开辟南门供游人出入，太庙为与其保持对称，也在第一层围墙上筑一类似假门（太庙改为公园后，此假门方改建为供出入之南门，即现在的劳动人民文化宫正门）。民国十三年（1924年），北洋政府接管了太庙，将其改为"和平公园"。民国十七年（1928年），归内务部所有，三年后，由故宫博物院接管，成为故宫分院。

中华人民共和国成立以后，于1950年由政务院批准将太庙拨给北京市总工会辟为劳动人民文化宫。1988年被国务院列为全国重点文物保护单位。

2. 建筑形制

太庙位于端门以里，午门以外，在紫禁城的东边，这是依照古代封建帝王都城"左祖右社"的设计格局而建立的，这是一种充分体现了尊祖敬宗观念的规划方法，把太庙置于紫禁城以外，是表示后辈不敢亵渎祖先，而将太庙建在紫禁城左前方，是因为"天道尚左"，宗庙所在，即"天道"所在。

太庙西侧午门前有阙左门，端门北有神厨门，太庙街门位于天安门和端门之间御路的东侧，是皇帝来太庙祭祖出入的大门。

太庙坐北朝南，平面为南北向的长方形，占地面积为139650平方米，整个建筑被三道黄琉璃瓦顶的红墙分隔成三个封闭的院落，主要建筑由南向北排列在中轴线上。两侧保持了严格的均衡、对称，主次分明。

穿过第一道红墙进入太庙的第一个院落，首先映入眼帘的是高大的古柏环绕着整个建筑，主要是桧柏或侧柏，基本上是明代太庙初建时种植的，营造出庄严、肃穆，神秘的气氛。在第一个院落的东南角，有一西向的房院，是太庙牺牲所，是屠宰祭祖所用牛、羊、猪等"牺牲"的地方，由治牲房、宰牲亭、进鲜房、井亭组成。

太庙琉璃门

　　太庙的主要建筑集中于第二层院落中。院落红墙南面墙正中有一琉璃门，这是太庙正门。过琉璃门，有一汉白玉石桥，桥两侧有汉白玉护栏，龙凤望柱交替排列，桥下有水自西向东缓缓流过。在桥两端，各立黄琉璃筒瓦六角井亭一座，屋顶中央留一透空六角形天井，正对下方有水井一口，井口用汉白玉雕成六角形，是烹制牺牲、祭菜取水之用。院落中对称地建筑神厨和神库，是烹制祭品的厨房和储存祭祖所用笾豆、俎等祭器的库房。

　　汉白玉石桥北，第三道红墙南墙正中，是太庙戟门，黄琉璃瓦庑殿顶，戟门内外原有戟架8座，每座插戟15枝，共120枝，1900年被入侵北京的八国联军全部掠走。

戟门桥桥身

戟门

跨入戟门进入第三个院落，迎面看到的即是太庙主体建筑享殿，这是举行祭祖大典的场所。享殿面阔十一间，重檐庑殿顶，殿内六十八根大柱和所有木构件均为名贵的金丝楠木，明间和次间的殿顶、天花、四柱全部贴赤金花，不用彩画装饰，营造出宗庙祭祀的特殊氛围。地面铺设的是御制的金砖，光亮莹润。殿基为三层汉白玉须弥座，在须弥座台阶中间装饰丹陛，分别雕有尊贵的云龙纹、狮子纹和海兽纹。殿前有宽敞的月台，以备举行重大仪式用。

享殿左右有配殿十五间，黄琉璃瓦歇山顶，东配殿是供奉皇族杰出成员牌位的地方，西配殿是供奉朝廷有功之臣神位的地方。在东配殿前有大燎炉一座，黄琉璃瓦歇山顶，墙身为黄琉璃砖砌成，炉基为琉璃砖砌须弥座，此燎炉为焚化享殿和东配殿祝帛之用，近代时拆除。西配殿前有小燎炉，灰筒瓦歇山顶，墙身须弥座以灰砖砌成，炉基也是灰砖砌，这座燎炉为焚化西配殿祝帛之用。

享殿南立面

享殿之后是寝殿，这是供奉皇帝祖先牌位的地方，单檐庑殿顶，面阔九间，与享殿在同一工字形月台上。寝殿的东西配殿各五间，是贮存祭器的地方。

寝殿后一道红墙将"祧庙"和享殿、寝殿隔开，祧庙是供奉皇帝远祖牌位的地方，始建于明弘治四年（1491年），黄琉璃瓦单檐庑殿顶，面阔九间，殿后围墙正中有一琉璃门。

综观全局，太庙的位置符合"左祖右社"的帝王都城设计原则，其建筑布局巧具匠心，在成排的古柏环绕围抱之中，于中轴线上依次排列黄琉璃瓦的砖门，汉白玉石桥，气势森严的戟门，金碧辉煌的三大殿，错落有序的配殿，最后仍以琉璃门呼应。

3. 建筑价值

北京的太庙是我国明清两代的皇室宗庙，历史长达600多年。明清的皇帝和很多功臣的牌位都被供奉在这里，它是研究我国传统的祭祀文化的一个重要实物资料。另外，太庙建筑是皇城建筑的重要组成部分，是紫禁城的外延。

太庙建筑精美，气势宏大，其建筑从总体布局、单体建筑到点滴的装饰上都充分体现了我国古代建筑艺术的美感。古代建筑师们利用各种建筑手法，将这个皇室的宗庙建筑营造的外观肃穆大气，内部雍容典雅，是我国古代的一座艺术宝库。

太庙的建筑是明清宫殿式建筑的重要实物资料，尤其是其保存了大量明代建筑和明代的木构架，是北京少数保存了明代木架的大型殿式建筑群之一，具有很高的建筑研究价值。

第二章　检测鉴定方案

1. 结构检测程序和内容

1.1 结构安全检测基本程序

确定鉴定标准，明确鉴定的内容和范围。

资料调研：收集分析原始资料。

现场勘查：检测结构现状和残损部位。

分析研究：评估结构承载能力。

鉴定评级：对调查、检测和验算结果进行分析评估，确定结构的安全等级。

处理建议：对被鉴定的古建筑提出原则性的处理建议。

1.2 检测技术及手段

（1）检查材料强度

回弹法：回弹仪，非破损检测黏土烧结砖和砌筑灰浆的强度。

贯入法：贯入仪，非破损检测砌筑灰浆的强度。

超声波探伤：超声仪，非破损检测石材、木材内部缺陷和裂缝深度。

实验室材性检测：木、石和钢等建材样品的力学性能检测。

钻孔取芯法：水钻，半破损检测砖和石材强度，探查材料或结构内部情况。

（2）探查缺陷

红外探测：热像仪，非破损检测墙体缺陷。

雷达探伤：探地雷达，非破损检测砌体结构深部缺陷，探测地下结构部位。

钢筋探测仪：高精度磁感探测仪，非破损检测构件内金属。

内窥镜：通过结构或材料孔隙，探查隐蔽部位情况。

（3）现场检测

高精度全方位测量：全站仪直接或间接全方位测量结构的几何尺寸，还可测量结构的倾斜、变位和构件挠度。

高精度自动扫平：自动扫平仪，在高空中测量结构各部位的水平或垂直度，以及构件的倾斜、变位和构件挠度。

脉动测试法：频谱数据采集仪，检测结构的动力特性，自振频率和振幅。

现场加载试验：用铁砖或千斤顶静力加载，检验构件的受力性能；高精度数据采集仪和多种测量元件，检测构件应力状况和变形以及结构部件的实际工况。

（4）实验室模拟试验

模拟试验：动、静力加载检验模拟构件、结点或结构的承载能力。

对于结构承载力验算，可依据现行有关设计规范进行。复杂结构可采用SAP或ANSYS等高精度有限元程序进行受力分析。

进行古建筑结构安全鉴定时，需解决以下技术难点：

1）由于年代久远，原始技术资料几乎没有或严重缺失，须搜集有限的史料和查寻现场的技术信息；

2）对古建筑中各种材料的力学性能研究较少，常规的无损检测方法不能直接用于古建材料的检测，采用模拟和比对试验等方法推定的精度有待提高；

3）无损探伤技术的探测精度和深度也有待提高；

4）结构整体的受力状况复杂，缺少简明的结构承载力验算方法。

1.3 检测项目明细

按照鉴定标准、程序及内容，初步确定太庙检测鉴定项目及基本工作内容如下。

（1）结构勘察测绘。

（2）常规工程检测鉴定。

（3）建筑补测。

（4）脉动法测量结构振动性能。

（5）地基基础探查。

（6）辅助用工及临时设施（包括支搭临时检测架子）。

（7）分析、演算及评估。

1.4 检测注意事项

（1）检测时应做好人员安全防护措施。

（2）室内架子符合安全标准，与室内地面接触部分做好铺垫。

（3）因检测时为开放时间，应做好游人及展品的安全保障。检测区域进行临时围挡。

2. 结构检测标准

与鉴定现代建筑不同，对古建筑结构安全性的鉴定，目前还没有一套现成的体系和技术，须根据建筑的实际情况，结合现有结构鉴定技术，制定具体的方法。

鉴定主要按照国家现行规范《古建木结构维护与加固技术规范》（GB50165—92）的结构可靠性标准和相应方法进行。参照执行的相关现行规范有：《民用建筑可靠性鉴定标准》（GB50292—1999）；《建筑结构检测技术标准》（GB/T50344—2004）。

由于这些规范中有关古建筑的内容还不完善或不具体，实施时还须结合现场情况，进行大量的试验和分析研究。

第三章 太庙内河金水桥
结构安全检测鉴定

1. 建筑概况

1.1 建筑简况

内河金水桥又称戟门桥、玉带桥，始建于明代，为七座单孔石桥，桥长8米，两侧有汉白玉护栏，龙凤望柱交替排列。两侧驳岸为条石砌筑。

1.2 现状立面照片

太庙内河金水桥桥面

2. 建筑测绘图纸

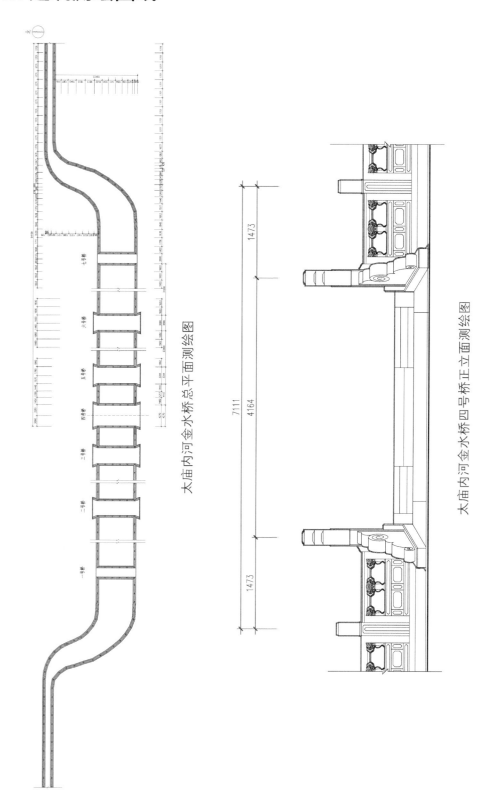

太庙内河金水桥总平面测绘图

太庙内河金水桥四号桥正立面测绘图

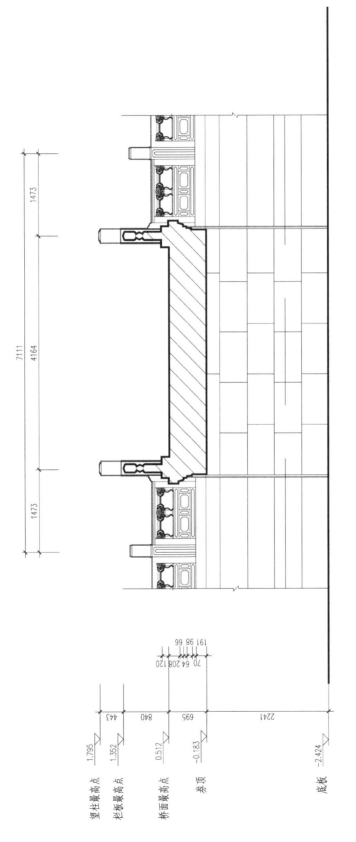

太庙内河金水桥四号桥横剖面测绘图

注：以桥前地面为±0.000

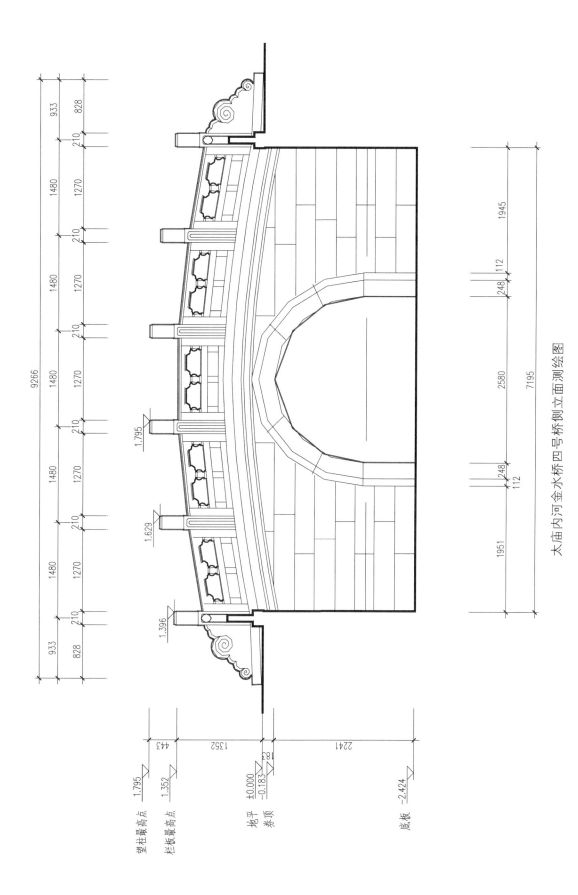

太庙内河金水桥四号桥侧立面测绘图

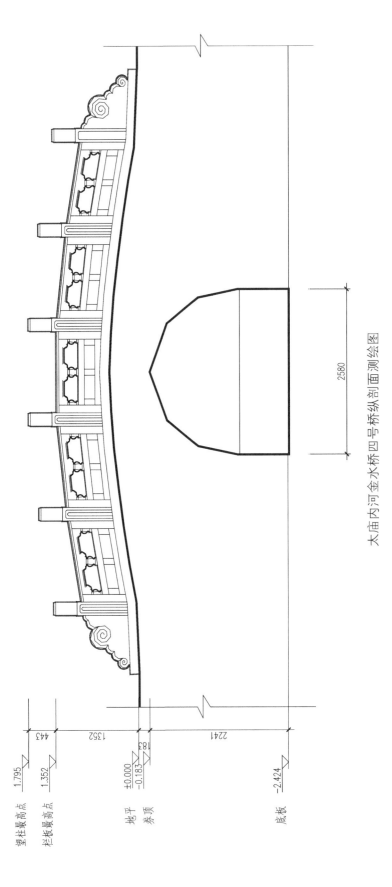

太庙内河金水桥四号桥纵剖面测绘图

望柱最高点 1.795
栏板最高点 1.352
地平 ±0.000
券顶 -0.183
底板 -2.424

443
1352
83
2241
2580

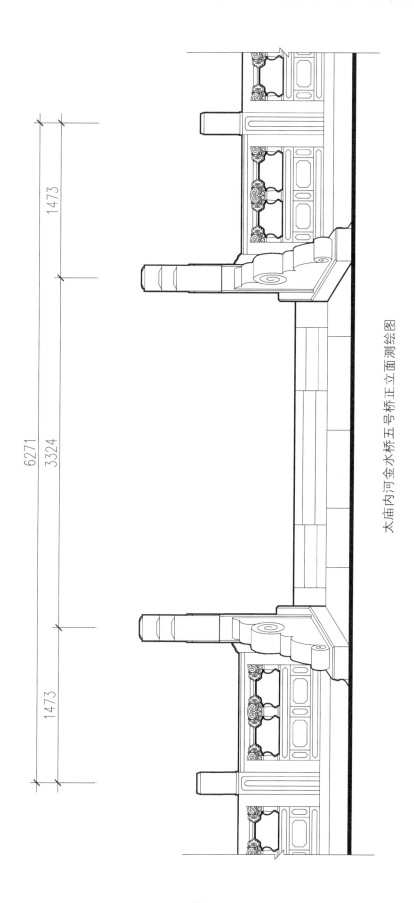

太庙内河金水桥五号桥正立面测绘图

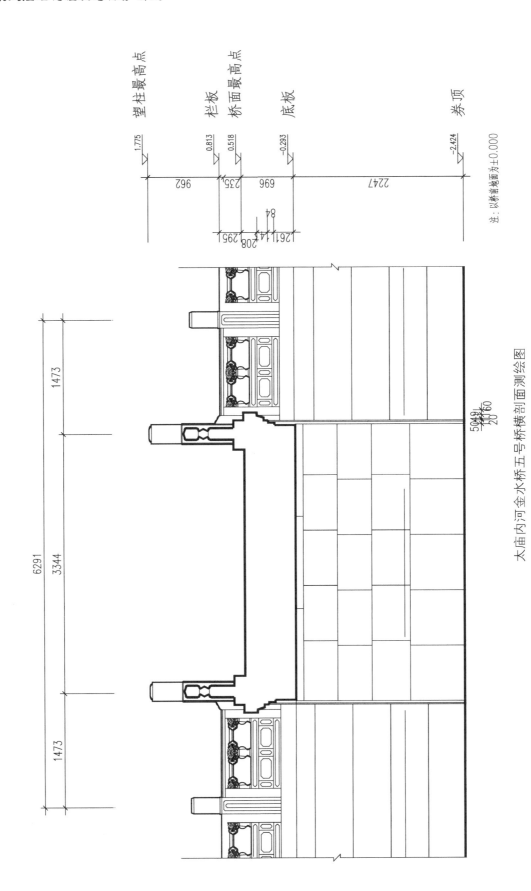

大庙内河金水桥五号桥横剖面测绘图

望柱最高点   1.775

栏板   0.813

桥面最高点   0.518

底板   −0.293

券顶   −2.424

注：以桥面铺面为±0.000

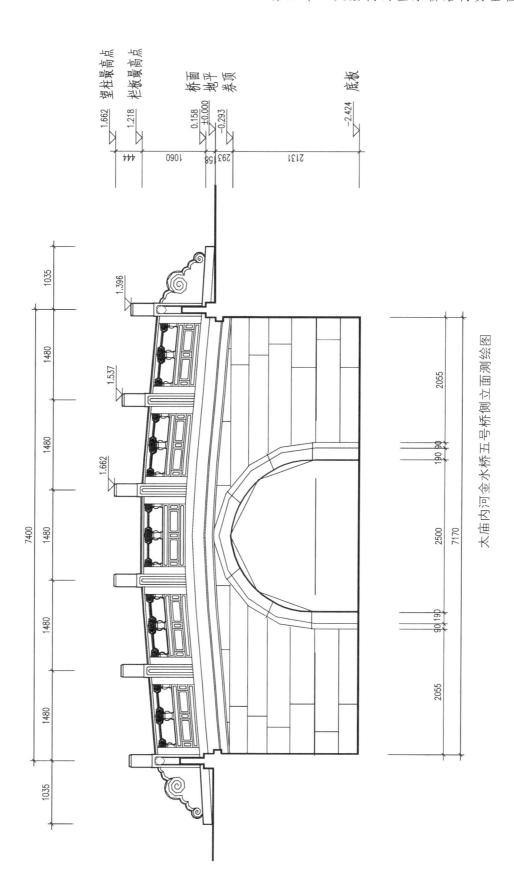

太庙内河金水桥五号桥侧立面测绘图

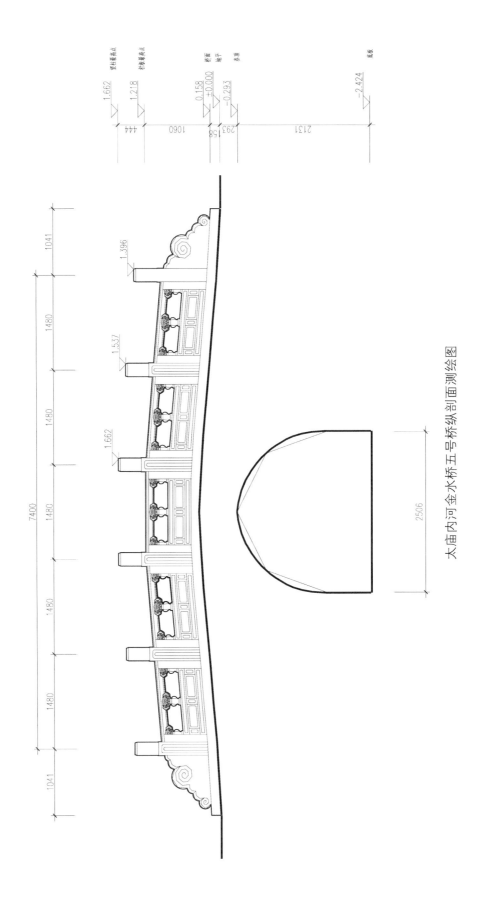

太庙内河金水桥五号桥纵剖面测绘图

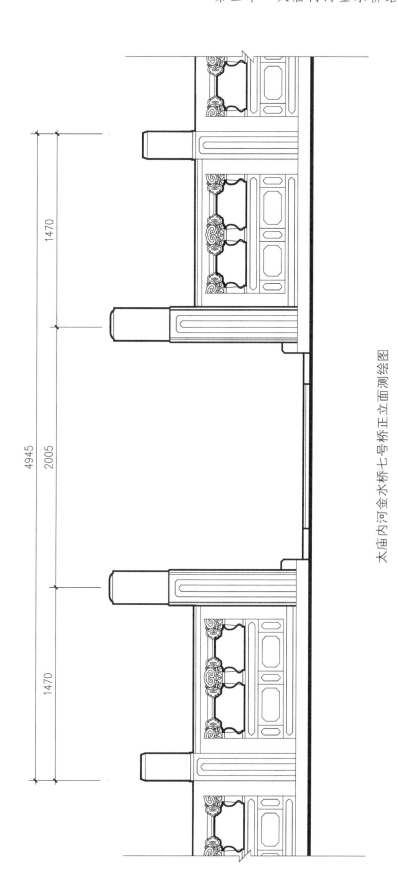

太庙内河金水桥七号桥正立面测绘图

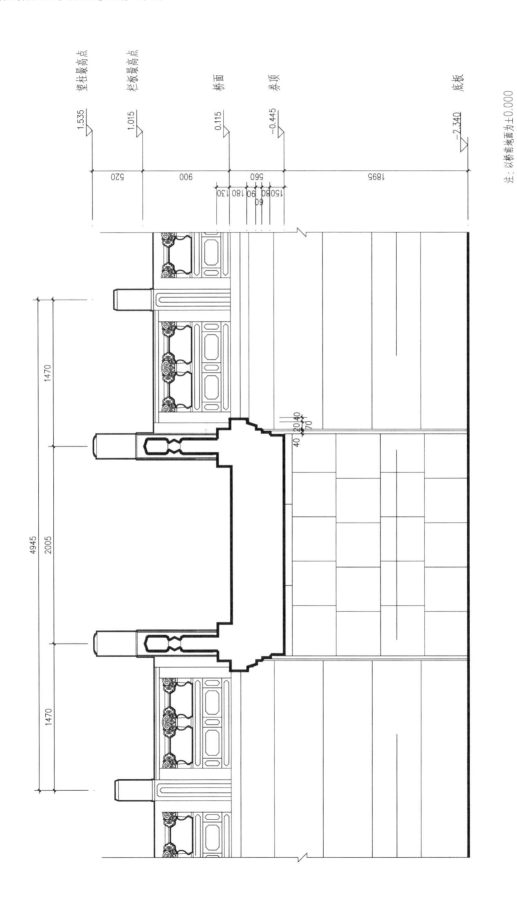

望柱最高点 1.535

栏板最高点 1.015

桥面 0.115

券顶 -0.445

底板 -2.340

注：以桥前地面为±0.000

520 900 560 1895

15080 90 180 130

60

40 20 40 70

1470 2005 4945 1470

大庙内河金水桥七号桥横剖面测绘图

20

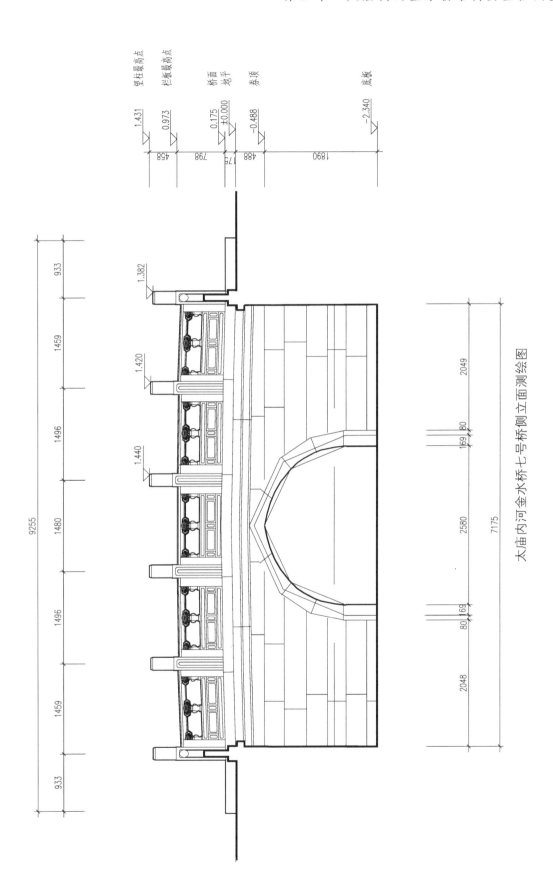

太庙内河金水桥七号桥侧立面测绘图

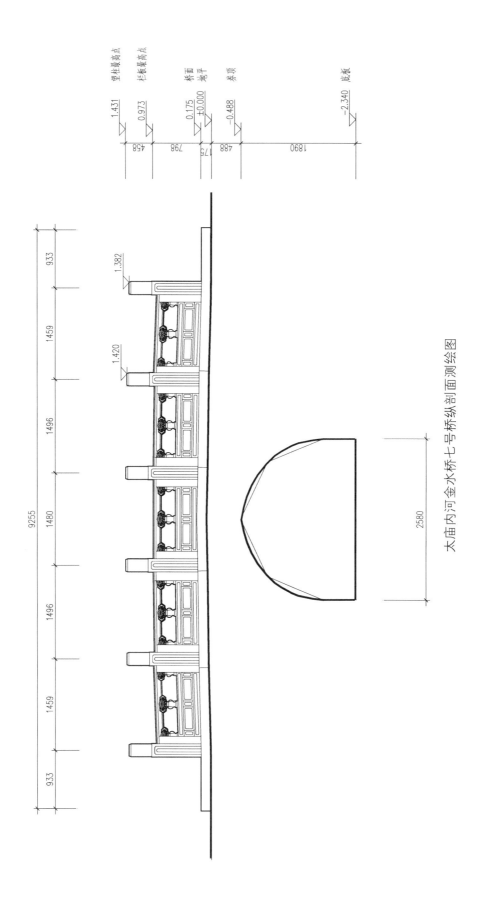

望柱最高点 1.431
栏板最高点 0.973
桥面 0.175
地平 ±0.000
券顶 -0.488
底板 -2.340

458 798 175 488 1890

1.382 1.420

933 1459 1496 1480 1496 1459 933

9255

2580

太庙内河金水桥七号桥纵剖面测绘图

3. 结构振动测试

现场用 941B 型超低频测振仪、Dasp 数据采集分析软件对四、五号桥进行振动测试，测振仪放置在拱券上部，测试曲线如图所示。

功率谱上呈现一系列的微振动波群，没有发现明显的固有频率，这可能是由于桥体刚度较大，在功率谱上反映的是由随机振源引发的地脉动。

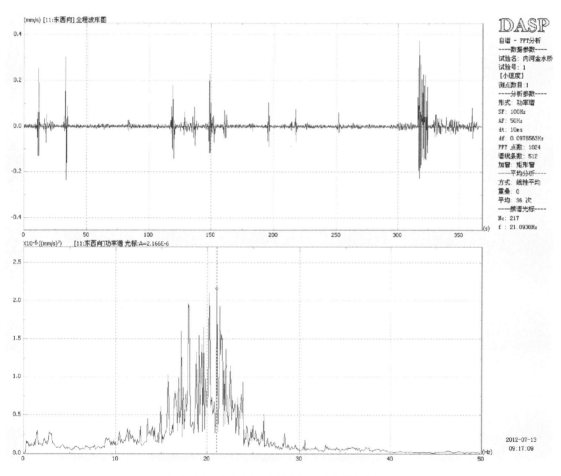

太庙内河金水桥四号桥东西向测试曲线图

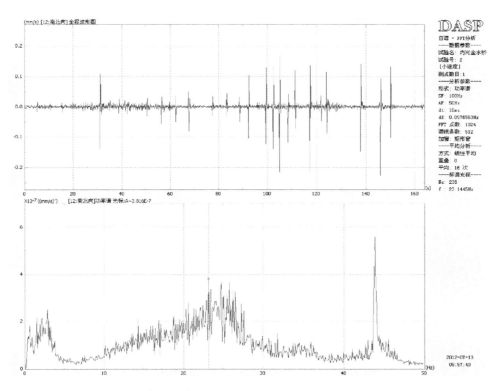

太庙内河金水桥四号桥南北向测试曲线图

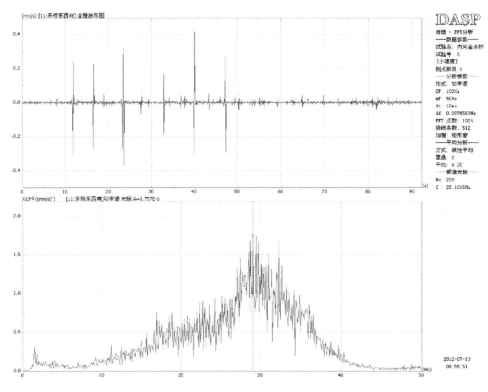

太庙内河金水桥五号桥东西向测试曲线图

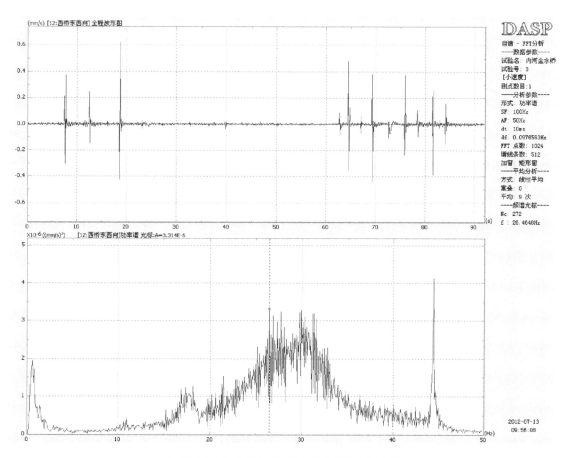

太庙内河金水桥五号桥南北向测试曲线图

4. 地基基础雷达探查

采用地质雷达对结构地基基础进行探查。雷达天线频率为 300 兆赫，雷达扫描路线示意图、结构详细测试结果如下：

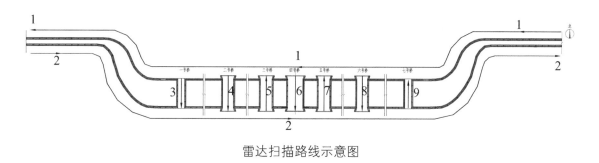

雷达扫描路线示意图

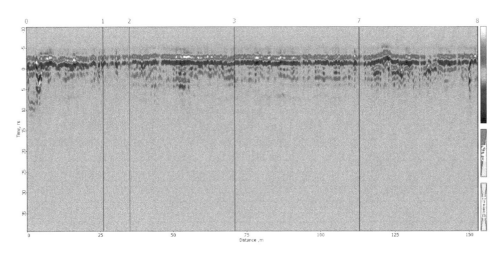

路线 1（桥北侧驳岸）雷达测试图

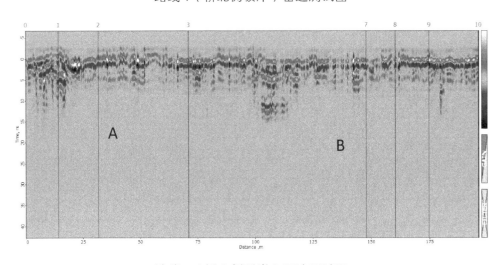

路线 2（桥南侧驳岸）雷达测试图

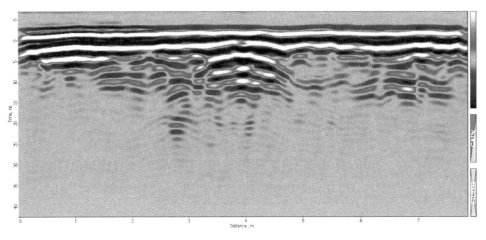

路线 3（一号桥）雷达测试图

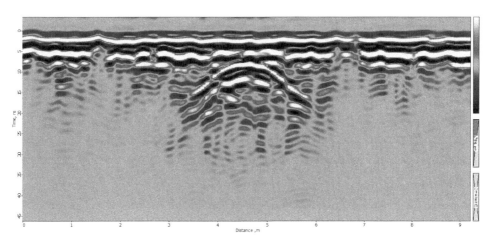

路线 4（二号桥）雷达测试图

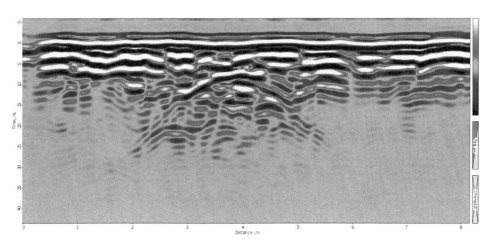

路线 5（三号桥）雷达测试图

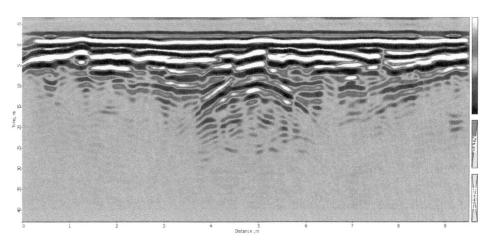

路线 6（四号桥）雷达测试图

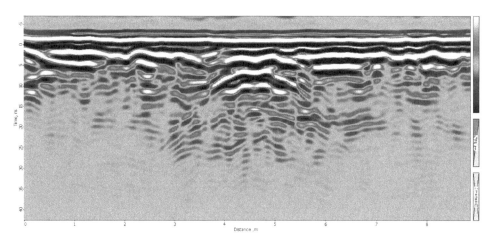

路线 7（五号桥）雷达测试图

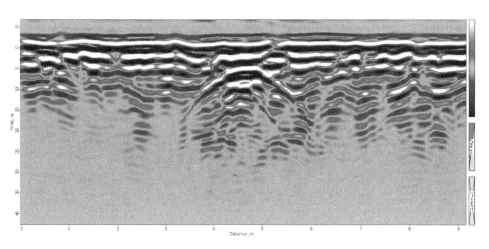

路线 8（六号桥）雷达测试图

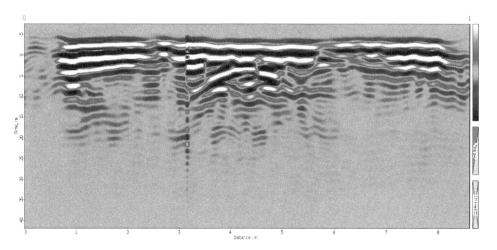

路线 9（七号桥）雷达测试图

（1）由雷达测试结果可见，驳岸的反射波同相轴基本平直连续，但南侧驳岸下部A、B处存在强反射区，此处地基处理情况与其他部位可能存在区别。

（2）由雷达测试结果可见，桥面的反射波比较类似，上部反射波振幅较强，基本平直连续，在桥中下部，反射波呈现圆弧形，此部位应为拱券，没有发现明显的异常。

由于地面无法开挖与雷达图像进行比对，解释结果仅作为参考。考虑探测范围内介质基本均匀，介电常数取 4 时，脉冲波传播时间为 15ns 的相应探测深度为 1.1 米。

5. 结构外观质量检查

5.1 驳岸

通过对两侧驳岸的检查，没有发现驳岸存在明显的不均匀沉降裂缝和歪闪变形，表明驳岸的地基基础承载状况基本良好。存在的损伤情况主要有：

（1）驳岸局部存在自然坏损，如栏杆石材表面风化，个别栏板望柱脱裂，部分砌缝脱落，部分条石风化剥离、开裂及缺棱掉角。

（2）侧墙局部轻微外鼓，有几处条石端部被挤出。

驳岸栏板望柱脱裂

栏板风化剥离

七号桥东面南侧挡墙轻微外鼓

二号桥与三号桥之间北侧驳岸条石外鼓

二号桥与三号桥之间北侧驳岸条石端部被挤出

四号桥与五号桥之间北侧驳岸条石端部被挤出

5.2 一号桥

拱券

拱券表面比较平整，没有明显变形，拱脚没有发现明显位移和转角。拱券出现的病害主要为券石表面风化，券脸石有少量裂纹，拱券内表面出现大范围渗水碱迹，局部灰缝脱落。

拱上结构

拱上结构侧墙局部灰缝脱落，部分条石存在风化现象。侧墙局部外鼓，侧墙与拱券接触尚紧密，没有脱裂。路面没有沉陷和开裂的现象。

下部结构

通过对拱券、拱上结构的全面检查，没有发现结构发生不均匀沉降的明显迹象，表明地基基础的承载状况基本良好。

桥面系

桥面基本完好，仅桥面条石局部风化剥落，个别栏板与望柱脱裂。

一号桥东立面

一号桥西立面

一号桥西侧北部撞券石端部鼓出（60毫米）

一号桥西侧南部撞券石端部鼓出（70毫米）

一号桥拱券内表面大范围碱迹

一号桥桥面

5.3 二号桥

拱券

拱券表面比较平整，没有明显变形，拱脚没有发现明显位移和转角。拱券出现的病害主要为券石表面风化，拱券内表面出现大范围渗水碱迹，局部灰缝脱落。

拱上结构

拱上结构侧墙局部灰缝脱落，部分条石存在风化现象。侧墙局部轻微外鼓，侧墙与拱券接触尚紧密，没有脱裂。路面没有沉陷和开裂的现象。

下部结构

通过对拱券、拱上结构的全面检查，没有发现结构发生不均匀沉降的明显迹象，表明地基基础的承载状况基本良好。

桥面系

桥面基本完好，仅桥面条石局部风化剥落，一处抱鼓石走闪。采用非金属超声探测仪对桥面条石表层进行抽样检测，没有发现明显缺陷。

二号桥东立面

二号桥西立面

二号桥东侧撞券石轻微外鼓

二号桥西侧撞券石轻微外鼓（一）

二号桥西侧撞券石轻微外鼓（二）

二号桥拱券内表面大范围碱迹

二号桥券石表面风化剥落

二号桥桥面

二号桥抱鼓石走闪

5.4 三号桥

拱券

拱券表面比较平整，没有明显变形，拱脚没有发现明显位移和转角。拱券出现的病害主要为券石表面风化，券脸石有少量裂纹，拱券内表面出现大范围渗水碱迹，局部灰缝脱落。

拱上结构

拱上结构侧墙局部灰缝脱落，部分条石存在风化现象。侧墙与拱券接触紧密，没有脱裂。路面没有沉陷和开裂的现象。

下部结构

通过对拱券、拱上结构的全面检查，没有发现结构发生不均匀沉降的明显迹象，表明地基基础的承载状况基本良好。

桥面系

桥面基本完好，仅桥面条石局部风化剥落，个别栏板和望柱脱裂。采用非金属超声探测仪对桥面条石表层进行抽样检测，没有发现明显缺陷。

三号桥东立面

三号桥西立面

三号桥拱券内表面大范围碱迹

三号桥桥面

5.5 四号桥

拱券

拱券表面比较平整，没有明显变形，拱脚没有发现明显位移和转角。拱券出现的病害主要为券石表面风化，拱券内表面出现大范围渗水碱迹，局部灰缝脱落。

拱上结构

拱上结构侧墙局部灰缝脱落，部分条石存在风化现象。侧墙局部轻微外鼓，侧墙与拱券接触尚紧密，没有脱裂。路面没有沉陷和开裂的现象。

下部结构

通过对拱券、拱上结构的全面检查，没有发现结构发生不均匀沉降的明显迹象，表明地基基础的承载状况基本良好。

桥面系

桥面基本完好，桥面条石局部风化剥落，出现多处裂缝，裂缝最宽处约10毫米，桥面基本平整。

四号桥东立面

四号桥西立面

四号桥西侧撞券石轻微外鼓

四号桥拱券内表面大范围碱迹

四号桥面

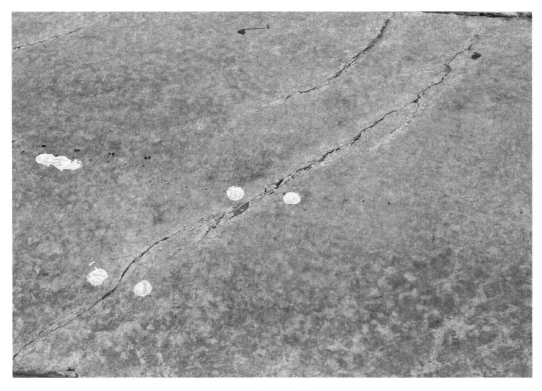

四号桥面裂缝

5.6 五号桥

拱券

拱券表面比较平整，没有明显变形，拱脚没有发现明显位移和转角。拱券出现的病害主要为券石表面风化，拱券内表面出现大范围渗水碱迹，局部灰缝脱落。

拱上结构

拱上结构侧墙局部灰缝脱落，部分条石存在风化现象。侧墙与拱券接触紧密，没有脱裂。路面没有沉陷和开裂的现象。

下部结构

通过对拱券、拱上结构的全面检查，没有发现结构发生不均匀沉降的明显迹象，表明地基基础的承载状况基本良好。

桥面系

桥面基本完好，桥面条石局部风化剥落，出现多处裂缝，裂缝最宽处约5毫米，个别栏板和望柱脱裂。

五号桥东立面

五号桥西立面

五号桥拱券内表面大范围碱迹

五号桥面

五号桥面裂缝

5.7 六号桥

拱券

拱券表面比较平整，没有明显变形，拱脚没有发现明显位移和转角。拱券出现的病害主要为券石表面风化，券脸石角部断裂，拱券内表面出现大范围渗水碱迹，局部灰缝脱落。

拱上结构

拱上结构侧墙局部灰缝脱落，部分条石存在风化现象。侧墙局部轻微外鼓，侧墙与拱券接触尚紧密，没有脱裂。路面没有沉陷和开裂的现象。

下部结构

通过对拱券、拱上结构的全面检查，没有发现结构发生不均匀沉降的明显迹象，表明地基基础的承载状况基本良好。

桥面系

桥面基本完好，仅桥面条石局部风化剥落，一处抱鼓石走闪。

六号桥东立面

六号桥西立面

六号桥西侧撞券石轻微外鼓

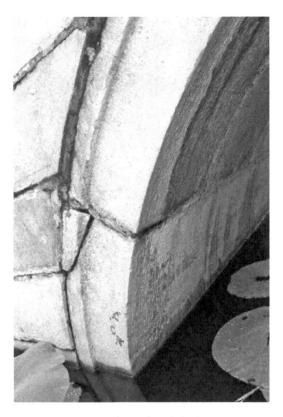

六号桥东侧券脸石角部断裂

六号桥拱券内表面大范围碱迹

六号桥桥面（一）

六号桥桥面（二）

5.8 七号桥

拱券

拱券表面比较平整，没有明显变形，拱脚没有发现明显位移和转角。拱券出现的病害主要为券石表面风化，券脸石角部断裂，拱券内表面出现大范围渗水碱迹，局部灰缝脱落。

拱上结构

拱上结构侧墙局部灰缝脱落，部分条石存在风化现象。侧墙与拱券接触紧密，没有脱裂。路面没有沉陷和开裂的现象。

下部结构

通过对拱券、拱上结构的全面检查，没有发现结构发生不均匀沉降的明显迹象，表明地基基础的承载状况基本良好。

桥面系

桥面基本完好，仅桥面条石局部风化剥落，个别栏板和望柱脱离。

七号桥东立面

七号桥西立面

七号桥东侧券脸石角部断裂

七号桥拱券内表面碱迹

七号桥栏板望柱脱裂

七号桥桥面

6. 评价分析与处理建议

6.1　驳岸

检查发现，驳岸表面基本平整，个别部位存在轻微的外鼓，个别条石端部被挤出，但从条石之间砌缝发现，多数变形在勾缝后基本没有继续发展，推断大部分变形可能为早期形成，并没有明显的发展趋势。目前两侧驳岸基本正常，没有发现严重的缺陷。针对驳岸存在的缺损，建议采取加固或修理措施：

（1）建议对石材表面的风化等病害进行修复，归安走闪的栏板望柱。

（2）建议对石材的裂缝进行封闭处理，灰缝脱落处应重新勾缝。

（3）建议加强驳岸的日常养护和定期检查。

6.2　桥梁

依据《公路桥梁技术状况评定标准》（JTG/TH21—2011），通过对桥梁各部件技术状况分层综合评定，同时考虑桥梁单项控制指标，确定桥梁的技术状况等级。

桥梁评价分析表

部位（权重）	类别	评价部件	权重	重新分配后	部件得分 一号桥	部件得分 二号桥	部件得分 三号桥	部件得分 四号桥	部件得分 五号桥	部件得分 六号桥	部件得分 七号桥
上部结构（0.4）	1	拱券	0.70	0.78	60.76	60.76	60.76	60.76	60.76	44.43	60.76
	2	拱上建筑	0.20	0.22	45.28	45.28	75.00	45.28	75.00	45.28	75.00
	3	桥面板	0.10	0	—	—	—	—	—	—	—
下部结构（0.4）	4	翼墙、耳墙	0.02	1.00	100.00	100.00	100.00	100.00	100.00	100.00	100.00
	5	锥坡、护坡	0.01	0	—	—	—	—	—	—	—
	6	桥墩	0.30	0	—	—	—	—	—	—	—
	7	桥台	0.30	0	—	—	—	—	—	—	—
	8	墩台基础	0.28	0	—	—	—	—	—	—	—
	9	河床	0.07	0	—	—	—	—	—	—	—
	10	调治构造物	0.02	0	—	—	—	—	—	—	—
桥面系（0.2）	11	桥面铺装	0.40	0	—	—	—	—	—	—	—
	12	伸缩缝装置	0.25	0	—	—	—	—	—	—	—
	13	人行道	0.10	0.29	75.00	75.00	75.00	75.00	75.00	75.00	75.00
	14	栏杆、护栏	0.10	0.29	75.00	75.00	75.00	75.00	75.00	75.00	75.00
	15	排水系统	0.10	0.29	75.00	75.00	75.00	75.00	75.00	75.00	75.00
	16	照明、标志	0.05	0.14	100.00	100.00	100.00	100.00	100.00	100.00	100.00
桥梁总体技术状况评分：					78.64	78.64	81.28	78.64	81.28	73.56	81.28
桥梁总体技术状况等级：					3类	3类	2类	3类	2类	3类	2类

三号桥、五号桥、七号桥的桥梁技术状况等级评定结果为2类，表明桥梁有轻微缺损，对桥梁使用功能无影响；一号桥、二号桥、四号桥、六号桥的桥梁技术状况等级评定结果为3类，表明桥梁有中等缺损，尚能维持正常使用功能。

根据桥梁技术状况等级评定结果，全部桥梁目前均能满足正常使用的要求，但均存在一些缺损。

其中，拱券出现的缺损主要为券石表面风化剥离、开裂，券脸石角部断裂，拱券内表面出现大范围渗水碱迹，局部灰缝脱落。拱上结构出现的缺损主要为石料表面风化剥离，局部灰缝脱落，侧墙局部轻微外鼓，但从侧墙外鼓处砌缝可以发现，在勾缝后没有继续发展，推断大部分变形可能为早期形成，并没有明显的发展趋势。桥面出现的缺损主要为条石局部风化剥落，出现裂缝，个别抱鼓石和栏板望柱走闪。

针对桥梁存在的缺损，建议采取加固或修理措施：

1）建议修复桥梁表面存在的石料风化剥离、开裂，灰缝脱落等缺损，归安走闪的抱鼓石、栏板望柱。

2）建议对券石的裂缝进行封闭处理，灰缝脱落处应重新勾缝。

3）建议清除拱券碱迹，涂防水剂；对路面进行修补处理，防止雨水从路面渗入拱券引起侵蚀而影响结构的耐久性。

4）为确保桥梁的安全使用，建议对通行车辆进行限制。

5）建议加强桥梁的日常养护和定期检查。

第四章 太庙享殿结构安全检测鉴定

1. 建筑概况

1.1 建筑简况

太庙享殿，为十一檩大型殿堂形制，黄琉璃筒瓦，重檐庑殿顶屋面，屋顶有推山。大殿平面为分心槽用三柱，殿身九间四进加副阶周匝。大殿坐落在三重石质须弥座上，每重均有汉白玉石护栏，望柱雕龙凤纹，正中有御路三层。

1.2 现状立面照片

太庙享殿南立面

太庙享殿西立面

2. 建筑测绘图纸

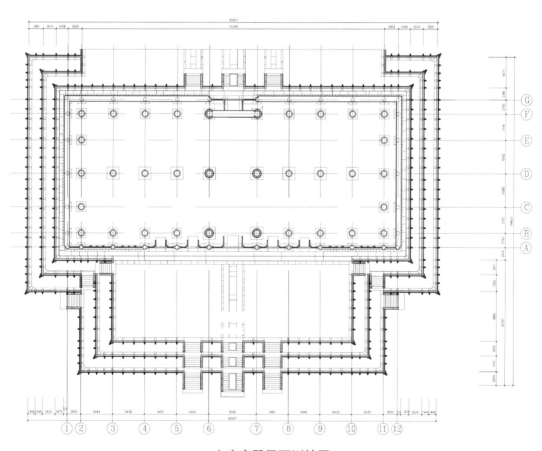

太庙享殿平面测绘图

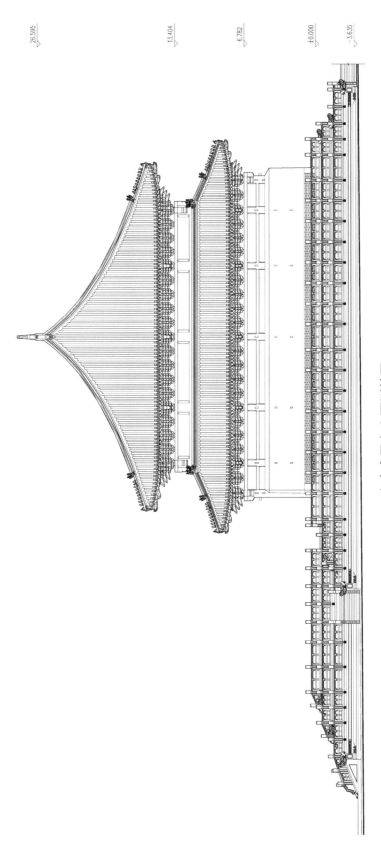

26.595

13.404

6.782

±0.000

-3.635

太庙享殿东立面测绘图

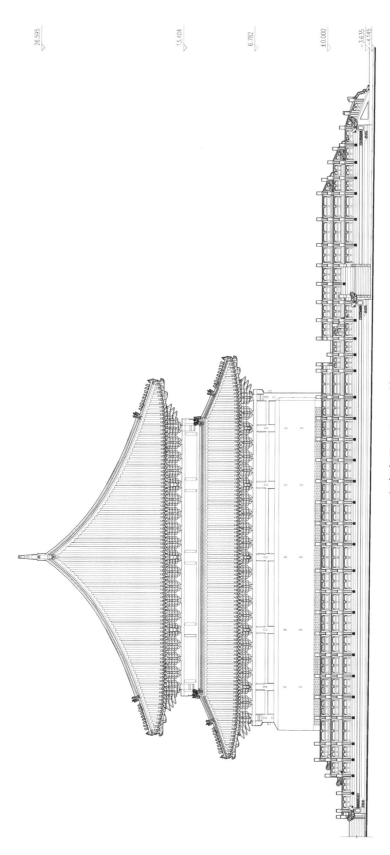

26.595

13.404

6.782

±0.000

-3.635
-4.145

太庙享殿西立面测绘图

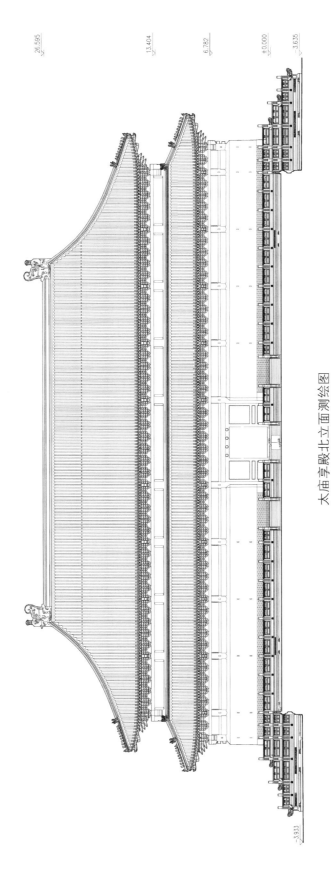

太庙享殿北立面测绘图

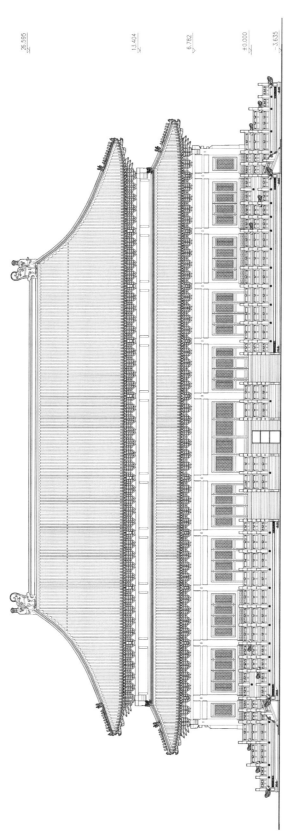

太庙享殿南立面测绘图

26.595

13.404

6.782

±0.000

-3.635

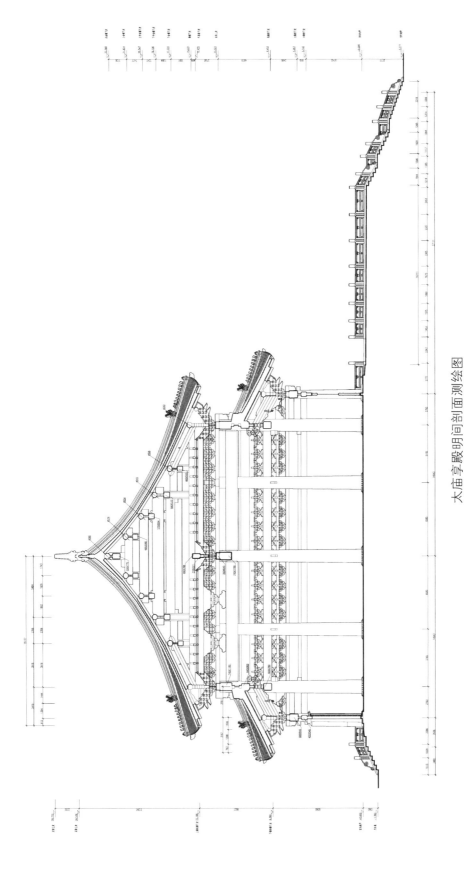

太庙享殿明间剖面测绘图

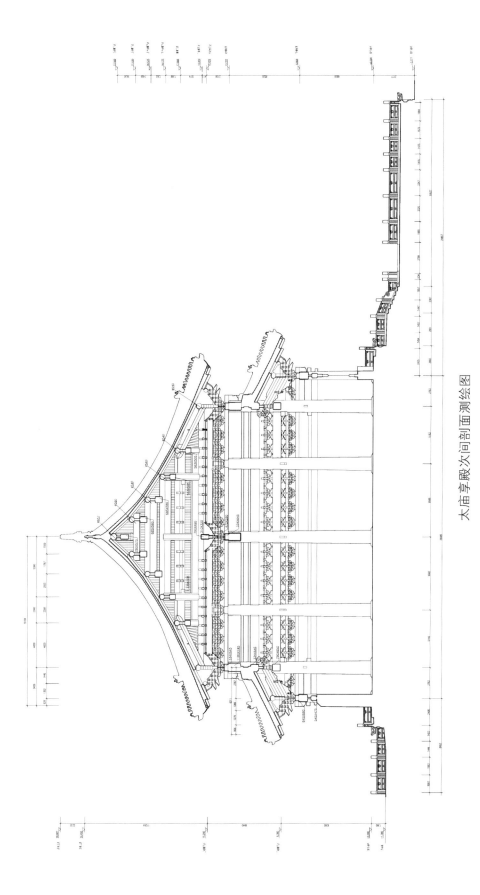

太庙享殿次间剖面测绘图

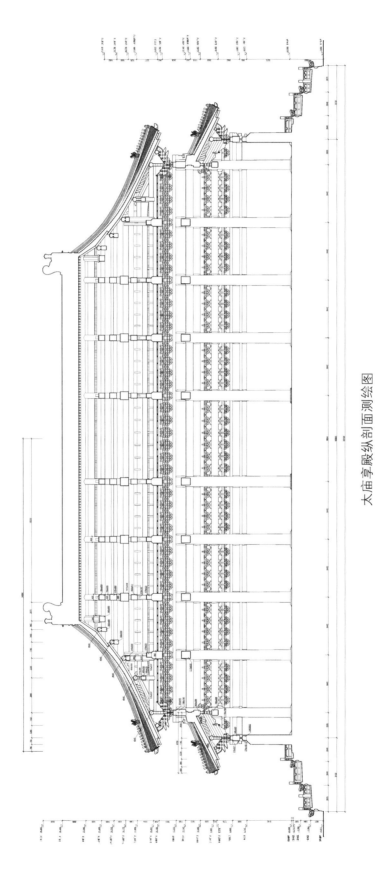

太庙享殿纵剖面测绘图

3. 结构振动测试

现场用 941B 型超低频测振仪、Dasp 数据采集分析软件对结构进行振动测试，测振仪放置在 6 轴梁架的九架梁上，测试结果如下：

结构振动测试一览表

方向	峰值频率（赫兹）	阻尼比（%）
东西向	1.51	2.22
南北向	1.12	3.84

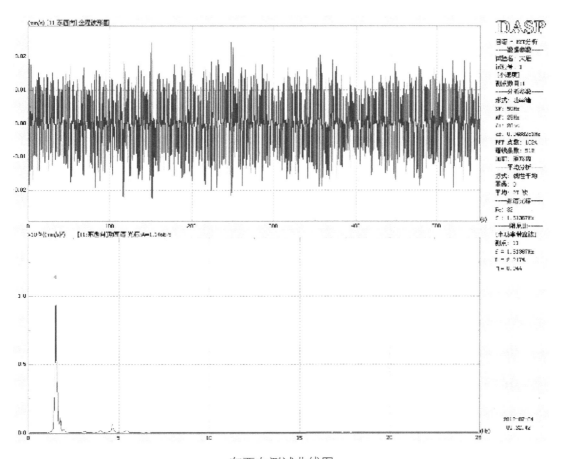

东西向测试曲线图

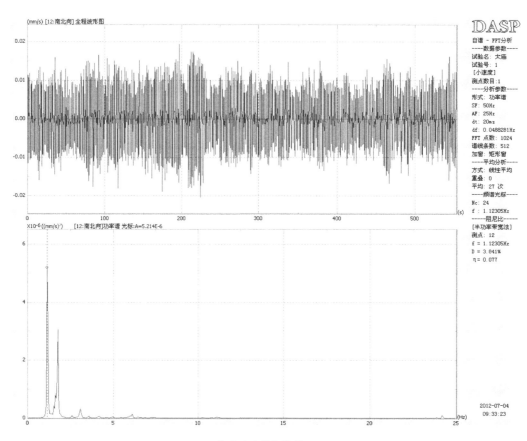

南北向测试曲线图

类似结构振动测试汇总表

结构名称	结构形式	平面尺寸（米）	方向	峰值频率（赫兹）	阻尼比（%）
享殿	有山墙和后檐墙，面阔五间，进深三间	66.76（东西）	东西向	1.51	2.22
	柱高：13.32 米	29.09（南北）	南北向	1.12	3.84
长陵祾恩门	有山墙和后檐墙，面阔五间，进深三间	31.38（东西）	东西向	2.83	2.07
	柱高：5.05 米	14.26（南北）	南北向	2.10	3.53
昭陵祾恩殿	有山墙和后檐墙，面阔外显五间，内显七间，进深外显五间，内显四间	30.46（东西）	东西向	1.95	2.62
	柱高：9.62 米	16.74（南北）	南北向	1.81	3.56
享殿东配殿	有山墙和后檐墙，面阔十五间，进深三间	9.71（东西）	东西向	2.73	4.60
	柱高：4.95 米	71.63（南北）	南北向	3.81	2.13
享殿西配殿	有山墙和后檐墙，面阔十五间，进深三间	9.71（东西）	东西向	3.13	3.66
	柱高：4.95 米	71.63（南北）	南北向	3.91	2.76

自振频率是由质量和刚度共同决定的，其中，建筑平面体型、墙体布置、柱高度、结构内部损伤等因素会影响结构的刚度。以上结构平面均为矩形，一般情况下，长边方向的刚度（抵抗变形的能力）会大于短边方向，从上表可以看到，全部结构均是长边方向的频率大；柱高也影响了结构的刚度，相同条件下，柱高越高，自振周期越长，频率会越低，如昭陵祾恩殿和长陵祾恩门结构平面类似，但由于昭陵祾恩殿柱高较高，相应的频率均低于长陵祾恩门。享殿的结构振动特性基本符合规律，没有明显异常。

4. 地基基础雷达探查

采用地质雷达对结构地基基础进行探查。雷达天线频率为 300 兆赫，雷达扫描路线示意图、结构详细测试结果如下：

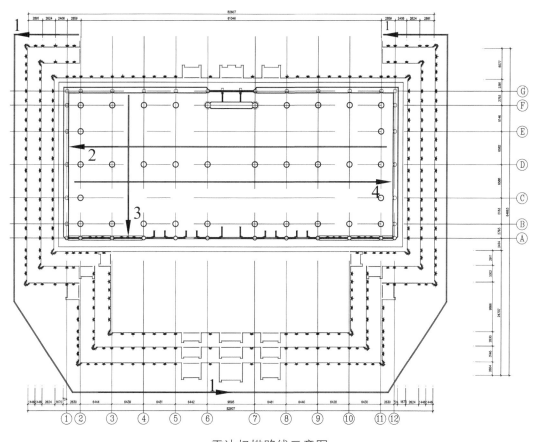

雷达扫描路线示意图

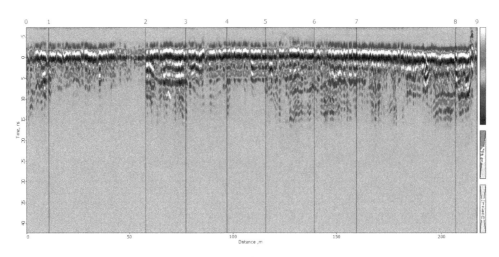

路线 1（散水外侧）雷达测试图

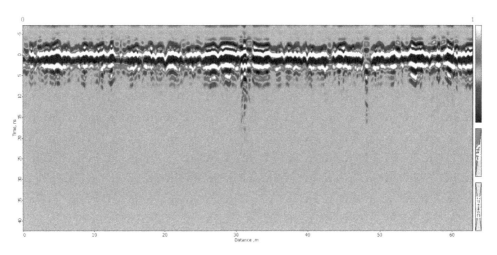

路线 2（室内北侧）雷达测试图

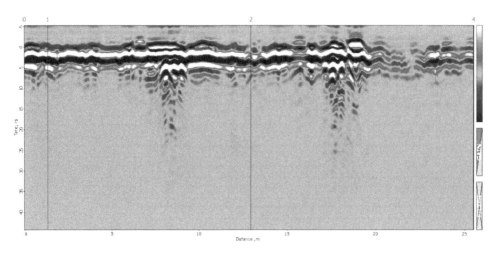

路线 3（室内西侧）雷达测试图

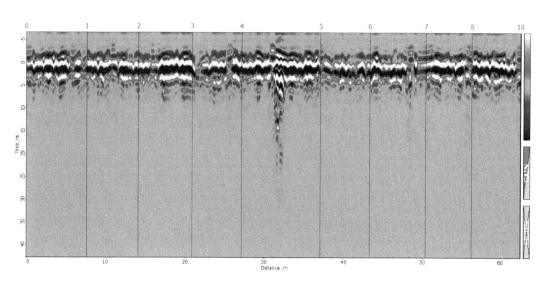

路线 4（室内南侧）雷达测试图

（1）由雷达测试结果可见，散水外侧反射波同相轴基本平直连续，下方没有明显缺陷的迹象，但 A 处反射波振幅较弱，原因可能为地基土含水量相对较大，介质的介电系数提高，对电磁信号吸收相对较强，导致信号衰减，振幅变小。

（2）由雷达测试结果可见，室内地面反射波同相轴振幅较强，基本平直连续，衰减程度较快，地面比较密实；其中，个别部位探测深度突然增大是由于地面局部存在金属盖及盖下部有空洞的原因。

由于地面无法开挖与雷达图像进行比对，解释结果仅作为参考。考虑探测范围内介质基本均匀，介电常数取 4 时，脉冲波传播时间为 15ns 的相应探测深度为 1.1 米。

5. 结构外观质量检查

5.1 地基基础

经现场检查，台基残损情况如下：

（1）台基因年代久远，局部存在自然坏损，如部分石材表面风化剥离、出现裂纹，部分抱鼓石走闪，部分踏跺断裂走闪。

太庙享殿台基抱鼓石走闪

太庙享殿台基踏跺断裂走闪

（2）东南角大龙头后尾断裂，前端下沉。

太庙享殿台基大龙头后尾断裂（一）

太庙享殿台基大龙头后尾断裂（二）

5.2 围护结构

享殿两侧山墙和后檐墙为砖墙，经现场检测，墙体粉刷层局部存在细裂缝，后檐墙外墙面存在几处竖向裂缝，裂缝位于包砌柱子外，一处裂缝几乎上下贯通。其他部位的墙体基本完好，没有明显的开裂和鼓闪变形。

太庙享殿后檐墙墙面裂缝（一）

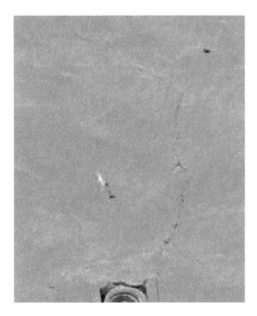

太庙享殿后檐墙墙面裂缝（二）

5.3 屋盖结构

一层及二层屋面均保存完好，仅瓦面生有部分草木，未见其他破损现象，檐口木件未见糟朽；部分梁枋表面存在历史渗漏痕迹，但目前并未发现屋面渗漏迹象；部分檩椽存在干缩裂缝，局部望板和椽子损坏；个别钢拉杆端部断裂。

太庙享殿一层屋面杂草

太庙享殿二层屋面杂草

太庙享殿屋盖历史渗漏痕迹

太庙享殿椽子损坏

太庙享殿望板损坏

太庙享殿屋盖楞木两侧钢拉杆

太庙享殿屋盖楞木钢拉杆端部断裂

5.4 柱

木柱基本保持原状，没有明显的弯曲变形，柱脚没有发现糟朽的迹象。木柱残损情况如下：

柱残损情况表

项次	残损项目	残损部位	残损程度	残损原因	是否残损点
1	轮裂剥离	9-B 轴、11-B 轴、6-D 轴、10-D 轴、9-F 轴	9-B 轴柱子剥离深度 40 毫米，剩余截面为 85.9%，经计算承载力满足要求	干缩开裂	否
2	柱础错位	5-F 轴	10 毫米 <1/6D=181 毫米	受力	否
3	开裂	4-F 轴	深度 500 毫米 <1/2D=545 毫米	干缩开裂，柱脚局部受压	否

（1）柱身表面存在轻微的干缩裂纹。

太庙享殿木柱柱身表面裂纹

太庙享殿木柱柱身修补痕迹

（2）部分柱子敲击有空鼓声，检查9-B轴柱子空鼓处，柱表面轮裂剥离，剥离深度为40毫米，剥离层局部断裂脱落，形成空洞，多处柱身表面可见嵌补木块。

太庙享殿木柱9-B轴柱表层轮裂剥离

（3）5-F轴柱子与柱础错位10毫米。

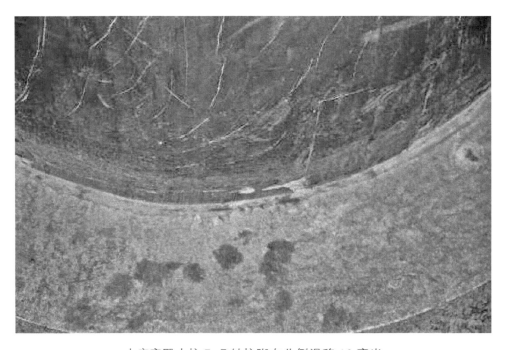

太庙享殿木柱5-F轴柱脚向北侧滑移10毫米

（3）4-F轴柱子下部有竖向裂缝，裂缝宽10毫米，长300毫米，深度达500毫米。

太庙享殿木柱4-F轴柱下部裂缝

（4）11-B轴柱子下部约1200毫米高度范围内，柱子表面出现空鼓，经测量，剥离深度约30毫米。

太庙享殿木柱11-B轴表面空鼓

5.5 木梁枋

木构件没有明显糟朽虫蛀的现象，存在的主要残损有：

（1）部分梁枋存在干缩裂缝。

（2）部分梁枋在端部出现劈裂。

（3）梁、柱间的联系出现松动，部分榫卯出现拔榫，卯口下方劈裂的现象。

典型木构架残损现状、各榀木梁架现状如下：

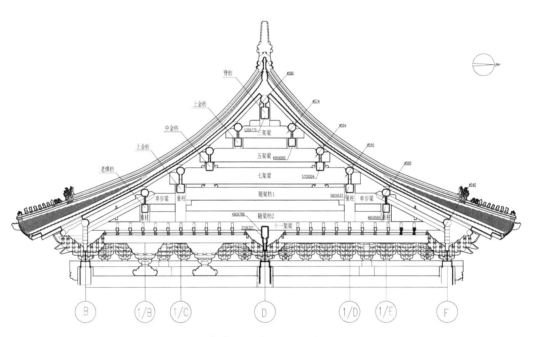

太庙享殿上部梁架示意图

梁枋残损情况表

项次	残损项目	残损部位	残损程度	是否残损点
1	拔榫	南侧下金枋（9-10轴）与10-1/C轴童柱连接处拔榫	榫头拔出50毫米	否
2	梁端劈裂	9轴北侧单步梁下随梁劈裂	30毫米，已采用铁箍加固	否
3	拔榫	9轴北侧七架梁下随梁枋1、2与童柱连接处拔榫	随梁枋1拔榫40毫米，随梁枋2拔榫50毫米，随梁枋2已采用铁箍加固	否
4	梁端劈裂	北侧老檐枋（8-9轴）与9-1/E轴童柱连接处卯口下方劈裂，下金枋端部开裂	卯口下方劈裂长度100毫米	是
5	拔榫	9-1/D轴童柱与随梁枋2连接处拔榫	70毫米	否
6	梁端劈裂	8轴九架梁梁身开裂，梁北端劈裂	梁中通长开裂，最宽处约30毫米	否

续表

项次	残损项目	残损部位	残损程度	是否残损点
7	梁端劈裂	7 轴九架梁南端劈裂	深 250 毫米，宽 20 毫米，长 2000 毫米，深度 >1/4b=154	是
8	拔榫	南侧老檐枋（7–8 轴）与 7–1/B 轴童柱连接处拔榫	榫头拔出 40 毫米	否
9	拔榫	北侧下金枋（7–8 轴）与 8–1/D 轴童柱连接处拔榫	榫头拔出 50 毫米	否
10	梁端劈裂	7 轴九架梁北端劈裂	宽 150 毫米，长 2000 毫米，东侧裂缝深约 500 毫米	是
11	梁端劈裂	6 轴七架梁南端下侧劈裂	端部下侧全部劈开，呈三角状，长度约 1000 毫米	是
12	拔榫	6 轴随梁枋 2 南端与 6–1/C 轴童柱连接处拔榫	榫头拔出 40 毫米	否
13	梁端劈裂	6 轴九架梁北端裂缝	深 200 毫米，宽 20 毫米，长 1000 毫米	是
14	拔榫	6 轴随梁枋 2 北端与 6–1/D 轴童柱拔榫	榫头拔出 70 毫米	否
15	拔榫	北侧老檐枋（5–6 轴）与 6–1/E 轴处童柱连接处拔榫	榫头拔出 30 毫米	否
16	拔榫	5 轴随梁枋 2 南端拔榫	榫头拔出 50 毫米	否
17	梁端劈裂	5 轴处单步梁北侧梁端劈裂	宽 10 毫米，深 100 毫米	否
18	拔榫	5 轴随梁枋 2 北侧拔榫	榫头拔出 50 毫米	否
19	拔榫	4 轴随梁枋 2 北侧拔榫	榫头拔出 40 毫米	否
20	拔榫	4 轴随梁枋 2 南侧拔榫	榫头拔出 30 毫米	否
21	拔榫	南侧老檐枋（4–5 轴）与 4–1/B 轴处童柱连接处拔榫	榫头拔出 40 毫米	否
22	拔榫	北侧老檐枋（3–4 轴）与 4–1/E 轴处童柱连接处拔榫	榫头拔出 20 毫米	否
23	拔榫	3 轴北侧单步梁下随梁南端拔榫	榫头拔出 50 毫米	否
24	拔榫	3 轴随梁枋 2 南端拔榫	榫头拔出 70 毫米	否
25	拔榫	北侧老檐枋（2–3 轴）与 3–1/E 轴童柱连接处拔榫	榫头拔出 40 毫米	否
26	裂缝	7–B–D 轴十一架梁下部斜裂缝	在梁底 200 毫米范围内，出现两三条斜裂缝，最宽处约 5 毫米，为干缩裂缝	否
30	粘补痕迹	多处梁枋表面均存在		否

太庙享殿木构架南侧下金枋（9–10 轴）与 10–1/C 轴童柱连接处拔榫

太庙享殿木构架 9 轴北侧单步梁下随梁劈裂、随梁枋 1、2 与童柱连接处拔榫

太庙享殿木构架北侧老檐枋（8-9 轴）端部卯口下方劈裂

太庙享殿木构架 9-1/D 轴童柱与随梁枋 2 连接处拔榫

太庙享殿木构架 8 轴九架梁梁身开裂，梁北端劈裂（一）

太庙享殿木构架 8 轴九架梁梁身开裂，梁北端劈裂（二）

太庙享殿木构架 7 轴九架梁南端劈裂（一）

太庙享殿木构架 7 轴九架梁南端劈裂（二）

太庙享殿木构架南侧老檐枋（7-8 轴）拔榫

太庙享殿木构架北侧下金枋（7-8轴）拔榫

太庙享殿木构架7轴九架梁北端劈裂（西侧）

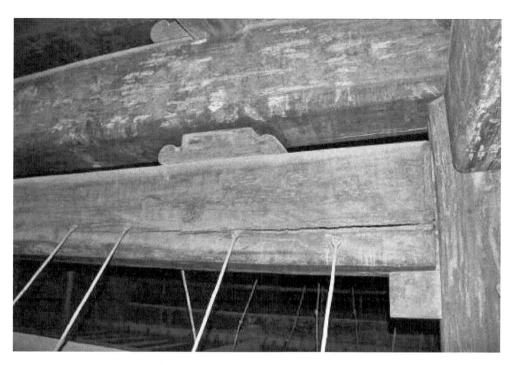

太庙享殿木构架 7 轴九架梁北端劈裂（东侧）

太庙享殿木构架 6 轴七架梁南端下侧劈裂

太庙享殿木构架 6 轴九架梁随梁枋 2 拔榫

太庙享殿木构架 6 轴九架梁北端裂缝

太庙享殿木构架 6 轴随梁枋 2 北端拔榫

太庙享殿木构架北侧老檐枋（5-6 轴）拔榫

太庙享殿木构架 5 轴随梁枋 2 南端拔榫

太庙享殿木构架 5 轴单步梁北侧梁端劈裂、随梁枋 2 北侧拔榫

太庙享殿木构架 4 轴随梁枋 2 北侧拔榫

太庙享殿木构架 4 轴随梁枋 2 南侧拔榫

太庙享殿木构架南侧老檐枋（4-5 轴）拔榫

太庙享殿木构架北侧老檐枋（3-4 轴）拔榫

太庙享殿木构架 3 轴北侧单步梁下随梁南端拔榫

太庙享殿木构架 3 轴随梁枋 2 南端拔榫

太庙享殿木构架北侧老檐枋（2-3轴）拔榫

太庙享殿木构架 7-B-D 轴十一架梁下部斜裂缝

太庙享殿木构架梁身粘补痕迹

太庙享殿 3 轴梁架

太庙享殿 4 轴梁架

太庙享殿 5 轴梁架

太庙享殿 6 轴梁架

太庙享殿 7 轴梁架

太庙享殿 8 轴梁架

太庙享殿 9 轴梁架

5.6 斗栱

D-8-9 轴天花梁下斗栱损坏，厢栱端部错位。

太庙享殿厢栱端部错位

5.7 台基不均匀沉降

现场对房屋的柱础石上表面的相对高差进行了测量，测量结果见下页图。

柱础石上表面的相对高差测量结果表明，台基存在一定程度的不均匀沉降，8-F 轴柱础石沉降量最大，与沉降量最小的 11-F 轴柱础石相比，相对高差为 52 毫米，沉降量未超过《建筑地基基础设计规范》（GB50007—2011）规定的变形允许值。

5.8 木构架局部倾斜

柱边的数据表示柱底部 3.5 米的高度范围内上端和下端的相对位移，数字的位置表示柱上部偏移的方向。由图可见，北侧金柱的上端基本上都向南侧偏移，并同时向中间偏移，中金柱上端均向中间偏移，并大致向北侧偏移，南侧金柱的上端向北侧和中间偏移。

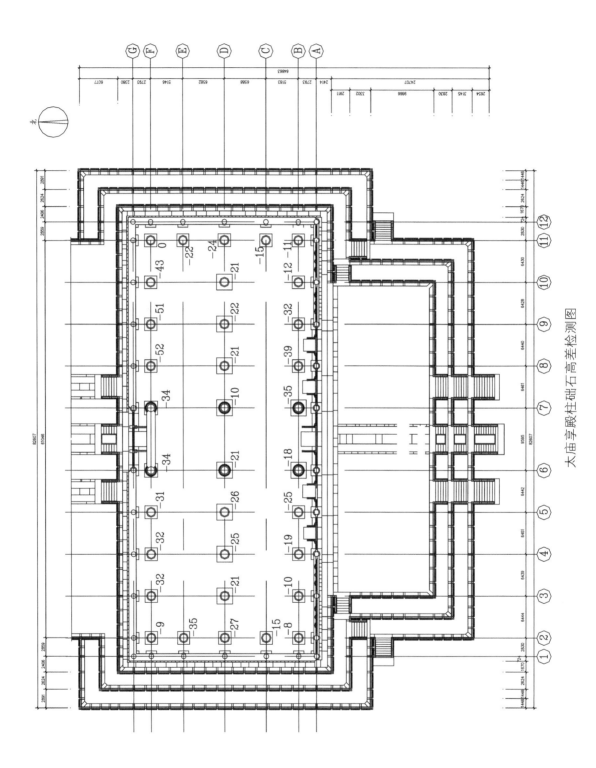

太庙享殿柱础石高差检测图

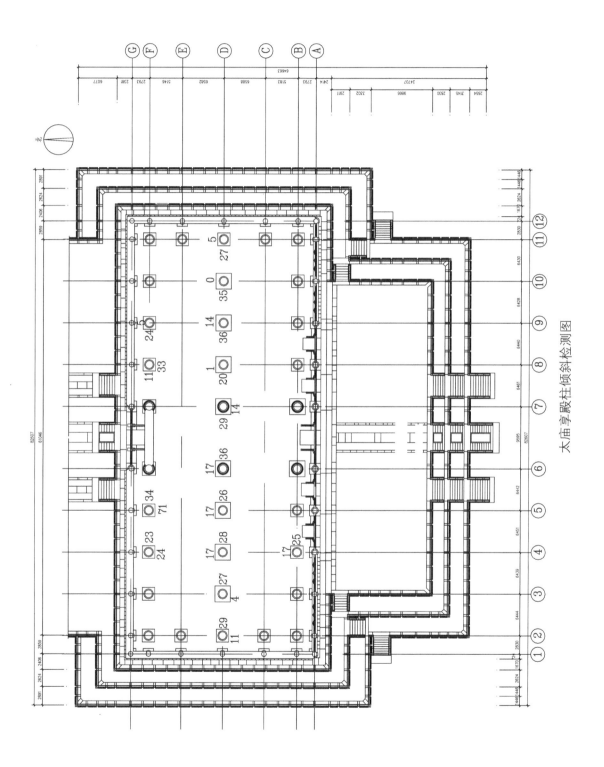

太庙享殿柱倾斜检测图

柱子的偏移体现了明代侧脚做法的特征，金柱和檐柱均设置了侧脚。目前的偏移程度与建造时侧脚设计尺寸会存在差异，其中5-F柱向内侧偏移尺寸较大，相对位移 Δ=71毫米 >H/90=39毫米，超过了规范的限制，现场也可以发现此柱底部有轻微的错位，由于目前此柱没有造成明显的损坏，可暂不进行处理，但应进行持续的观察。

6. 结构分析

6.1 构件承载力验算

对主要承重构件进行承载力验算，不考虑裂缝影响和地震作用。

屋面恒荷载标准值取4.1千牛/平方米，水平投影均布活荷载标准值按照《古建筑木结构维护与加固技术规程》取0.7千牛/平方米。材料强度等级暂按最低强度等级TC11B计算，按照规范要求乘结构重要性系数0.9后，抗弯强度取9.9牛顿/平方毫米，顺纹抗剪强度取1.26牛顿/平方毫米，顺抗压强度取9牛顿/平方毫米。

梁承载力计算表

构件	受弯效应（牛顿/平方毫米）	结构抗力/受弯效应	剪切效应（牛顿/平方毫米）	结构抗力/剪切效应
三架梁	2.02	4.91	0.22	5.81
五架梁	6.00	2.12	0.61	2.06
七架梁	3.59	2.34	0.48	2.63

由以上计算分析可知，主要梁枋的结构抗力与荷载效应之比均大于1.0，满足承载力要求。

6.2 地基基础

经现场检查，建筑上部承重结构和围护结构没有发现因地基产生不均匀沉降而导致的明显损伤，如墙、木柱均无明显歪闪，墙无明显不均匀沉降裂缝，表明建筑的地基基础承载状况基本良好。

6.3 围护结构

分析墙体开裂原因可能为：由于墙体仅起围护作用，木构架与墙体之间没有可靠的连接措施，木材与砖墙的力学特性也存在差异，在外力作用下不能保持协同工作，包砌柱子处墙体截面相对较小，属于受力薄弱部位，在外力作用下，墙体易开裂。

6.4 木梁枋

由梁枋残损情况可见，多处金枋、檐枋以及随梁与童柱的连接处出现拔榫现象。这些节点处多采用半榫。对一处榫卯进行测量，此处半榫分上下两部分，上半部榫长200毫米，下半部榫长50毫米，高150毫米，由于半榫连接作用较弱，容易出现拔榫现象。现场测量拔榫长度多在30毫米～50毫米左右，虽然未超过规范要求的榫长的2/5，但此种拔榫现象较多，对结构的横向和纵向联系都有一定程度的削弱，应对拔榫处节点进行加固处理。

梁端产生劈裂，对梁的承载力削弱较大，应对劈裂的梁端进行加固处理。

7. 检测鉴定结论与处理建议

7.1 检测鉴定结论

根据检查结果，承重结构中存在多处残损点，已经影响了结构安全和正常使用，但尚不致立即发生危险，依据《古建筑木结构维护与加固技术规范》（GB50165—92），可评为3类建筑，有必要采取加固或修理措施。

7.2 处理建议

地基基础

建议修复石材表面存在的风化、剥离等自然坏损，归安走闪的抱鼓石和踏跺，对断裂的大龙头进行修补。

围护结构

由于目前围护墙承载状况基本良好，且开裂处对结构的安全性影响较小，建议仅对墙面裂缝进行修补。

屋盖结构

建议清除屋顶草木，修补损坏的望板和椽子，补齐缺失及断裂的楞木拉杆。

柱

建议对木柱表面的干缩裂缝进行嵌补处理。

木梁枋

建议对梁枋的干缩裂缝进行嵌补，再用铁箍箍紧；对劈裂的梁端使用铁件进行加固，并在下方的梁枋上加立柱支顶；对拔榫处节点进行铁件拉结。

斗栱

建议归安错位厢栱。

第五章 太庙东配殿结构安全检测鉴定

1. 建筑概况

1.1 建筑简况

东配殿为单檐歇山顶屋面，面阔十五间，进深三间，七檩带前廊殿堂形制。

1.2 现状立面照片

太庙东配殿西立面

太庙东配殿北立面

2. 建筑测绘图纸

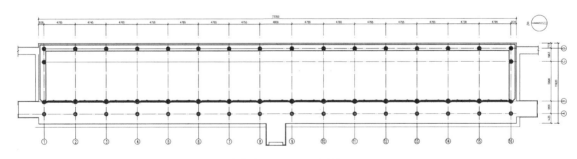

太庙东配殿平面测绘图

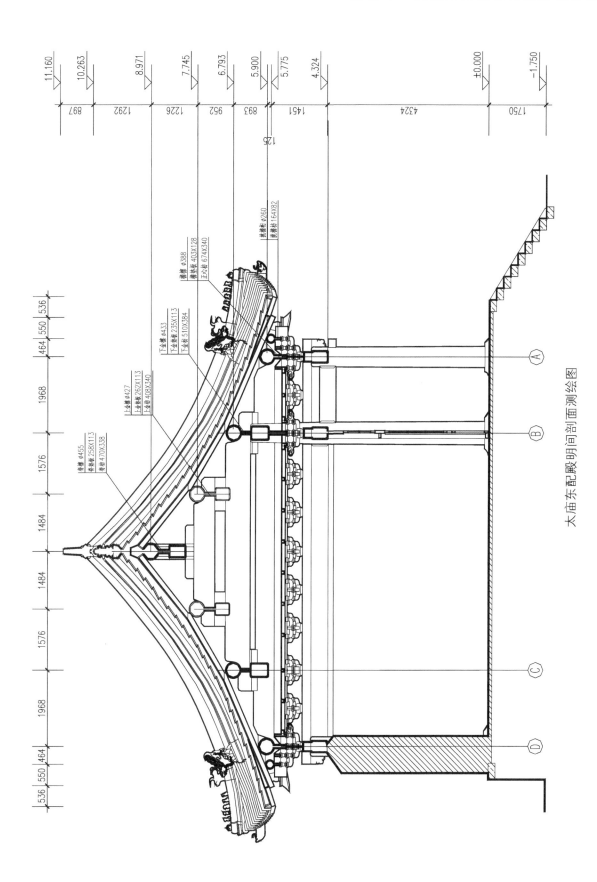

太庙东配殿明间剖面测绘图

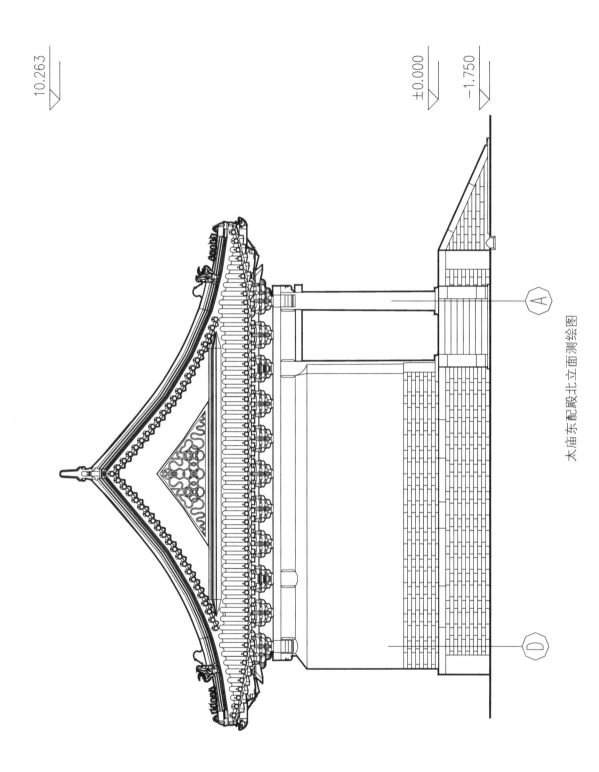

太庙东配殿北立面测绘图

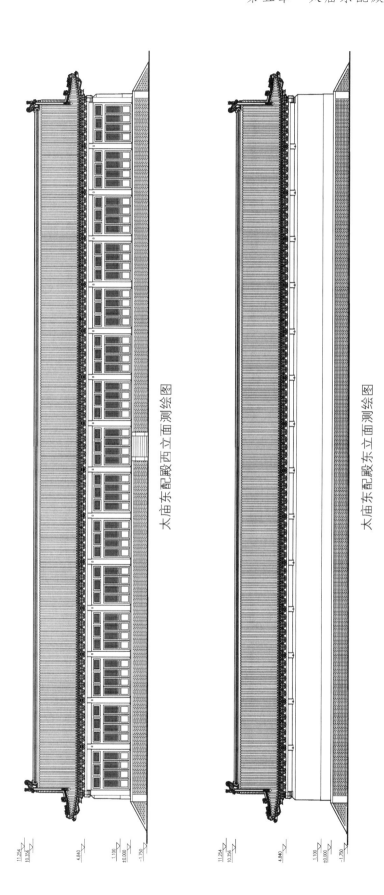

太庙东配殿西立面测绘图

太庙东配殿东立面测绘图

3. 结构振动测试

现场用 941B 型超低频测振仪、Dasp 数据采集分析软件对结构进行振动测试，测振仪放置在 9 轴梁架的七架梁上，测试结果如下：

结构振动测试一览表

方向	峰值频率（赫兹）	阻尼比（%）
东西向	2.73	4.60
南北向	3.81	2.13

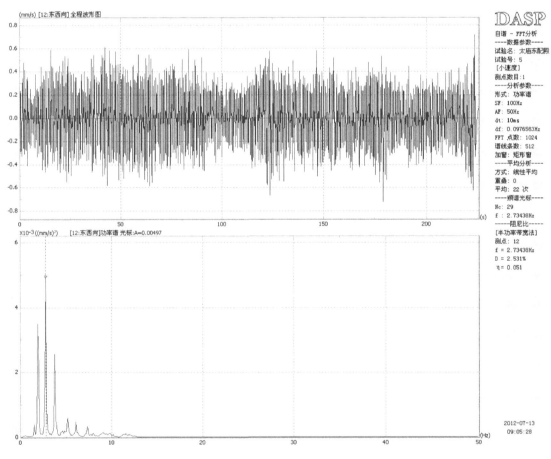

东西向测试曲线图

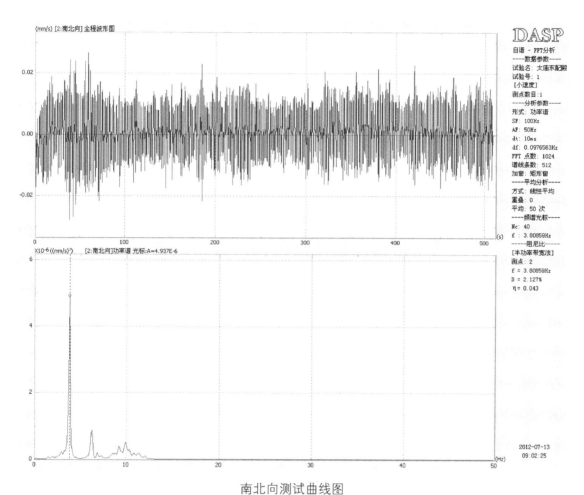

南北向测试曲线图

类似结构振动测试汇总表

结构名称	结构形式	平面尺寸（米）	方向	峰值频率（赫兹）	阻尼比（%）
享殿东配殿	有山墙和后檐墙，面阔十五间，进深三间	9.71（东西）	东西向	2.73	4.60
	柱高：4.95米	71.63（南北）	南北向	3.81	2.13
享殿西配殿	有山墙和后檐墙，面阔十五间，进深三间	9.71（东西）	东西向	3.13	3.66
	柱高：4.95米	71.63（南北）	南北向	3.91	2.76
长陵祾恩门	有山墙和后檐墙，面阔五间，进深三间	31.38（东西）	东西向	2.83	2.07
	柱高：5.05米	14.26（南北）	南北向	2.10	3.53

续表

| 昭陵祾恩殿 | 有山墙和后檐墙，面阔外显五间，内显七间，进深外显五间，内显四间 | 30.46（东西） | 东西向 | 1.95 | 2.62 |
| | 柱高：9.62 米 | 16.74（南北） | 南北向 | 1.81 | 3.56 |

自振频率是由质量和刚度共同决定的，其中，建筑平面体型、墙体布置、柱高度、结构内部损伤等因素会影响结构的刚度。以上结构平面均为矩形，一般情况下，长边方向的刚度（抵抗变形的能力）会大于短边方向，从汇总表可以看到，全部结构均是长边方向的频率大；柱高也影响了结构的刚度，相同条件下，柱高越高，自振周期越长，频率会越低，如昭陵祾恩殿和长陵祾恩门结构平面类似，但由于昭陵祾恩殿柱高较高，相应的频率均低于长陵祾恩门。东配殿的振动特性基本符合规律。由于东配殿和西配殿结构布置完全一样，对两者进行比较发现，东配殿东西向及南北向频率稍微高于西配殿，没有明显的异常。

4. 地基基础雷达探查

采用地质雷达对结构地基基础进行探查。雷达天线频率为 300 兆赫，雷达扫描路线示意图、结构详细测试结果如下：

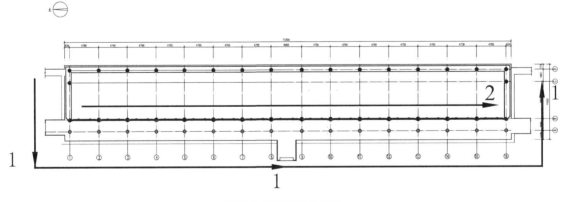

雷达扫描路线示意图

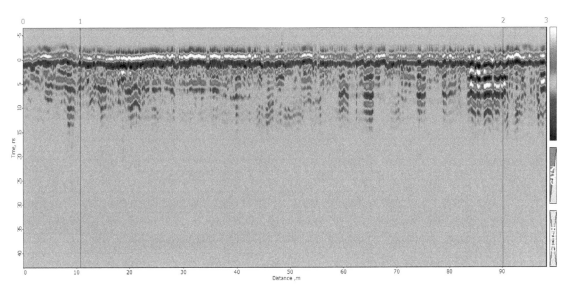

路线 1（散水外侧）雷达测试图

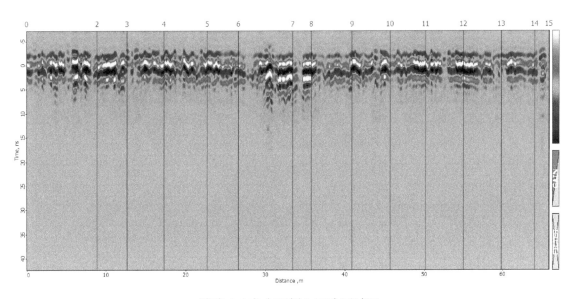

路线 2（室内西侧）雷达测试图

（1）由雷达测试结果可见，散水外侧反射波同相轴基本平直连续，没有明显缺陷的迹象，但振幅衰减程度不一，个别部位存在强反射同相轴，密实度可能有所差异。

（2）由雷达测试结果可见，室内地面反射波同相轴振幅较强，基本平直连续，衰减程度较快，地面比较密实，没有发现明显的异常。

由于地面无法开挖与雷达图像进行比对，解释结果仅作为参考。考虑探测范围内介质基本均匀，介电常数取 4 时，脉冲波传播时间为 15ns 的相应探测深度为 1.1 米。

5. 外观质量检查

5.1 地基基础

经现场检查，台基因年代久远局部存在自然坏损，如部分台帮条砖因风化产生酥碱剥离和断裂。

太庙东配殿台基条砖风化

太庙东配殿台基条砖断裂

5.2 围护结构

两侧山墙和后檐墙为砖墙，经现场检测，墙体粉刷层局部存在细裂缝，后檐墙外墙面存在几处竖向裂缝，裂缝位于包砌柱子外，个别裂缝基本上下贯通。其他部位的墙体基本完好，没有明显开裂和鼓闪变形。

太庙东配殿后檐墙墙面裂缝

5.3 屋盖结构

屋面保存完好，仅生有部分草木，未见其他破损现象，檐口木件未见糟朽。

太庙东配殿屋面杂草

5.4 柱

木柱基本保持原状，材质良好，柱脚没有发现糟朽的迹象。

太庙东配殿木柱现状

5.5 木梁枋

木梁架未见明显变动，基本保持原状，部分梁枋表面存在历史渗漏痕迹，目前并未发现渗漏迹象，木构件除表面存在干缩裂缝外，材质基本良好。木梁枋中存在的主要残损情况有：

（1）较多梁枋及檩椽存在干缩裂缝，部分纵向联系构件下方已采取了支顶立柱的加固方式。

（2）梁、柱连系处榫卯节点发生拔榫和卯口下部劈裂。

典型木构架残损现状、各榀木梁架现状如下：

木梁枋残损表

编号	残损类型	残损部位	残损程度	是否为残损点
1	开裂	东侧中金檩（5-6轴）开裂	裂缝深300毫米，宽20毫米	是
2	卯口下部劈裂	6轴脊瓜柱南侧卯口下部劈裂		是
3	开裂、卯口下部劈裂	8轴脊瓜柱上部开裂、北侧卯口下部劈裂		是
4	卯口下部劈裂	10轴脊瓜柱两侧卯口下部劈裂		是
5	卯口下部劈裂	12轴脊瓜柱两侧卯口下部劈裂		是
6	拔榫	12-13轴脊枋北端与瓜柱连接处拔榫	拔榫50毫米	是
7	虫蛀痕迹	东侧中金枋	为历史痕迹，没有发展的迹象	否

120

太庙东配殿木构架东侧中金檩（5-6轴）开裂

太庙东配殿木构架6轴脊瓜柱南侧卯口下部劈裂

太庙东配殿木构架 8 轴脊瓜柱上部劈裂、北侧卯口下部劈裂

太庙东配殿木构架 10 轴脊瓜柱两侧卯口均劈裂

太庙东配殿木构架 12 轴脊瓜柱两侧卯口下部劈裂

太庙东配殿木构架 12-13 轴脊枋北端与瓜柱连接处拔榫

太庙东配殿木构架虫蛀痕迹（一）

太庙东配殿木构架虫蛀痕迹（二）

太庙东配殿 2 轴梁架（一）

太庙东配殿 2 轴梁架（二）

太庙东配殿 3 轴梁架（一）

太庙东配殿 3 轴梁架（二）

太庙东配殿 4 轴梁架（一）

太庙东配殿 4 轴梁架（二）

太庙东配殿 5 轴梁架

太庙东配殿 6 轴梁架（一）

太庙东配殿 6 轴梁架（二）

太庙东配殿 7 轴梁架（一）

太庙东配殿 7 轴梁架（二）

太庙东配殿 8 轴梁架（一）

太庙东配殿 8 轴梁架（二）

太庙东配殿 9 轴梁架（一）

太庙东配殿 9 轴梁架（二）

太庙东配殿 10 轴梁架（一）

太庙东配殿 10 轴梁架（二）

太庙东配殿 11 轴梁架

太庙东配殿 12 轴梁架（一）

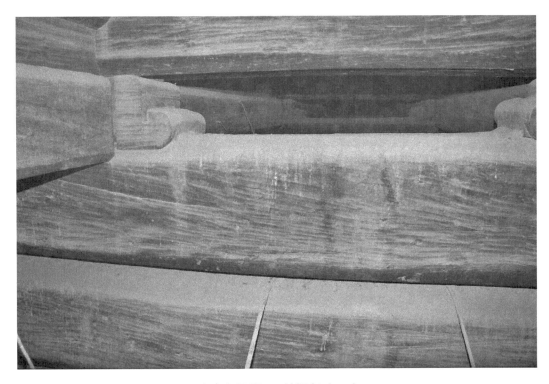

太庙东配殿 12 轴梁架（二）

太庙东配殿 13 轴梁架（一）

太庙东配殿 13 轴梁架（二）

太庙东配殿 14 轴梁架（一）

太庙东配殿 14 轴梁架（二）

太庙东配殿 15 轴梁架（一）

太庙东配殿 15 轴梁架（二）

5.6 台基不均匀沉降

现场对房屋的柱础石上表面的相对高差进行了测量，测量结果见下图。

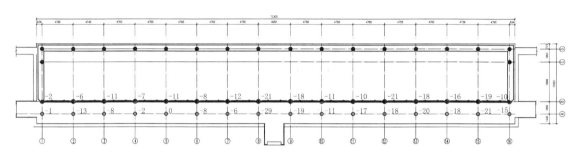

太庙东配殿柱础石高差检测图

柱础石上表面的相对高差测量结果表明，台基存在一定程度的不均匀沉降，8-A轴柱础石沉降量最大，与沉降量最小的5-A轴柱础石相比，相对高差为29毫米，沉降量未超过《建筑地基基础设计规范》（GB50007—2011）规定的变形允许值。

6. 结构分析

6.1 构件承载力验算

对主要承重构件进行结构验算，不考虑裂缝影响和地震作用。

屋面恒荷载按照屋面做法经计算取4.1千牛/平方米，水平投影均布活荷载按照《古建筑木结构维护与加固技术规程》取0.7千牛/平方米。材料强度等级暂按最低强度等级TC11B计算，再按照规范要求乘结构重要性系数0.9，抗弯强度取9.9牛顿/平方毫米，顺纹抗剪强度取1.26牛顿/平方毫米，顺抗压强度取9牛顿/平方毫米。

梁承载力计算表

构件	受弯效应（牛顿/平方毫米）	结构抗力/受弯效应	剪切效应（牛顿/平方毫米）	结构抗力/剪切效应
三架梁	2.12	4.66	0.40	3.13
五架梁	5.71	1.73	0.59	2.13

由以上计算分析可知，主要梁枋的结构抗力与荷载效应之比均大于1.0，满足承载力要求。

6.2　地基基础

对台基及建筑上部承重结构进行检查，没有出现因地基不均匀沉降而导致的损伤，表明建筑的地基基础承载状况基本良好。

6.3　围护结构

分析开裂原因可能为：由于墙体仅起围护作用，木构架与墙体之间没有可靠的连接措施，木材与砖墙的力学特性也存在差异，在外力作用下不能保持协同工作，包砌柱子处墙体截面相对较小，属于受力薄弱部位，在外力作用下，墙体易开裂。

7. 检测鉴定结论与处理建议

7.1　检测鉴定结论

根据检查结果，承重结构存在若干残损点，已经影响了结构安全和正常使用，但尚不致立即发生危险，依据《古建筑木结构维护与加固技术规范》（GB50165—92），可评为3类建筑，有必要采取加固或修理措施。

7.2　处理建议

地基基础

建议对台帮上损坏的条砖进行修补，灰缝脱落处重新勾缝。

围护结构

由于目前围护墙承载状况基本良好，且开裂处对结构的安全性影响较小，建议仅对墙面裂缝进行修补。

屋盖结构

建议清除屋顶草木。

木梁枋

建议对存在干缩裂缝的构件进行嵌补，再用铁箍箍紧；对拔榫处节点进行铁件拉结，瓜柱劈裂部位加铁箍箍紧。

第六章　太庙西配殿结构安全检测鉴定

1. 建筑概况

1.1 建筑简况
西配殿为单檐歇山顶屋面，面阔十五间，进深三间，七檩带前廊殿堂形制。

1.2 现状立面照片

太庙西配殿东立面

太庙西配殿南立面

2. 建筑测绘图纸

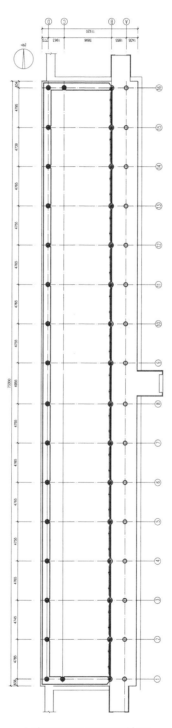

太庙西配殿平面测绘图

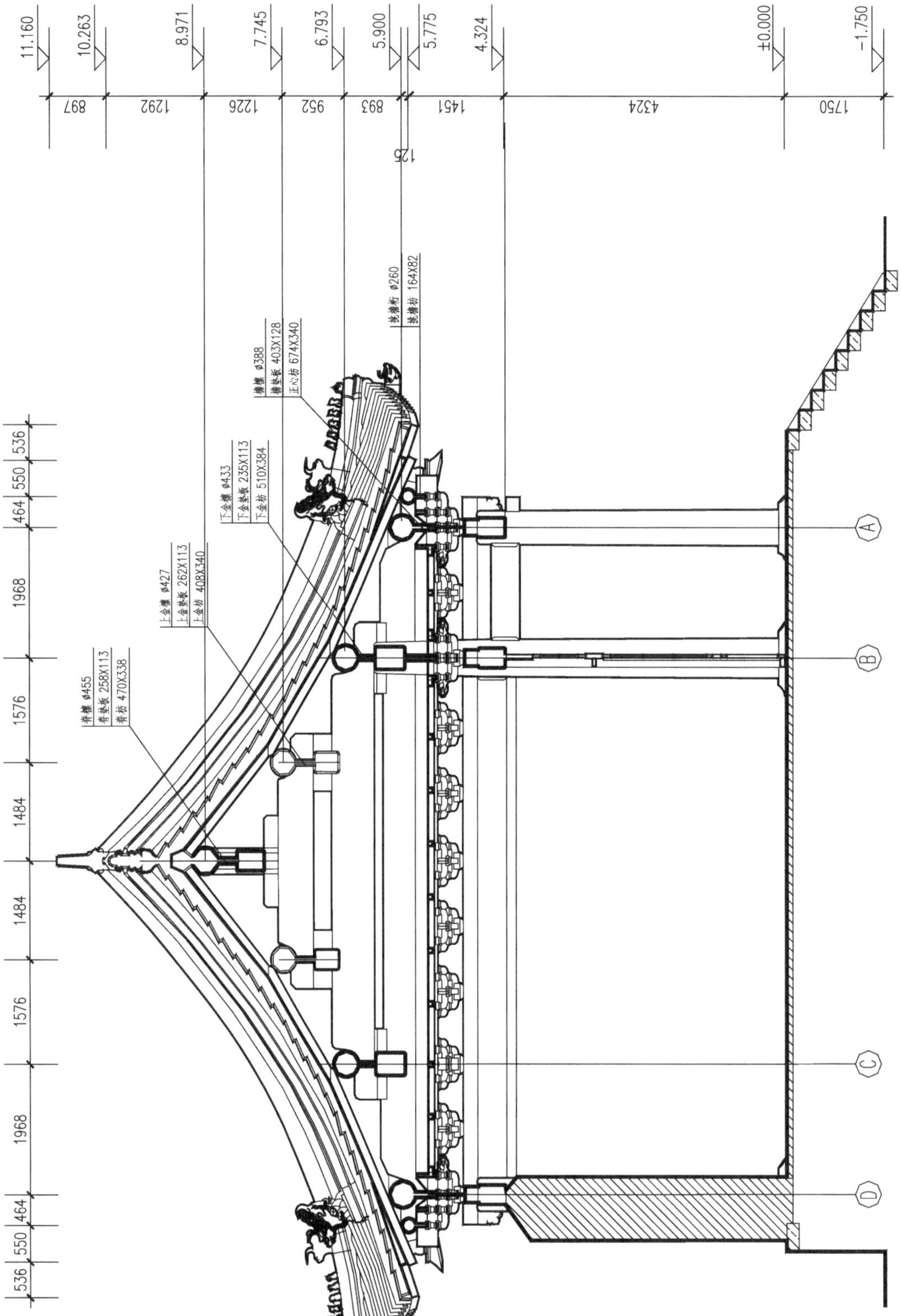

太庙西配殿明间剖面测绘图

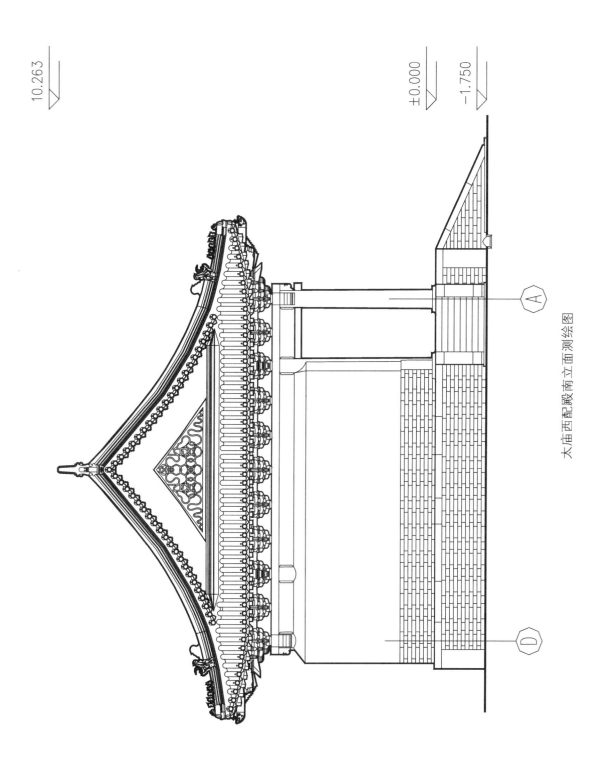

10.263

±0.000

−1.750

Ⓐ

Ⓓ

太庙西配殿南立面测绘图

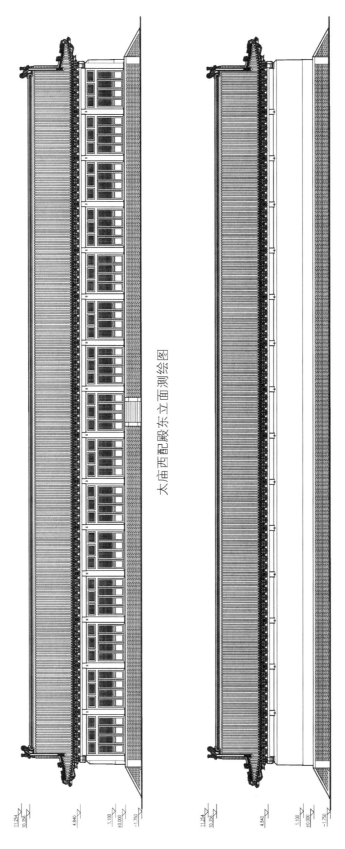

大庙西配殿东立面测绘图

大庙西配殿西立面测绘图

3. 结构振动测试

现场用 941B 型超低频测振仪、Dasp 数据采集分析软件对结构进行振动测试，测振仪放置在 9 轴梁架的七架梁上，测试结果如下：

结构振动测试一览表

方向	峰值频率（赫兹）	阻尼比（%）
东西向	3.13	3.66
南北向	3.91	2.76

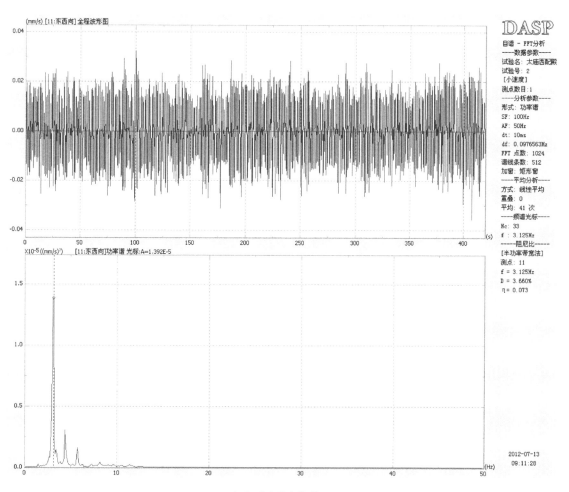

东西向测试曲线图

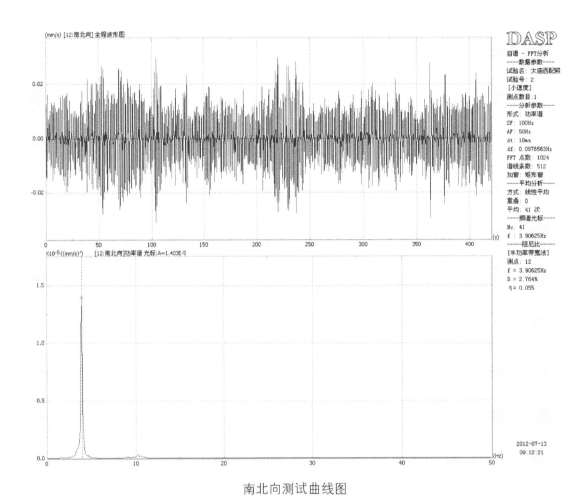

南北向测试曲线图

类似结构振动测试汇总表

结构名称	结构形式	平面尺寸（米）	方向	峰值频率（赫兹）	阻尼比（%）
享殿西配殿	有山墙和后檐墙，面阔十五间，进深三间	9.71（东西）	东西向	3.13	3.66
	柱高：4.95 米	71.63（南北）	南北向	3.91	2.76
享殿东配殿	有山墙和后檐墙，面阔十五间，进深三间	9.71（东西）	东西向	2.73	4.60
	柱高：4.95 米	71.63（南北）	南北向	3.81	2.13
长陵祾恩门	有山墙和后檐墙，面阔五间，进深三间	31.38（东西）	东西向	2.83	2.07
	柱高：5.05 米	14.26（南北）	南北向	2.10	3.53
昭陵祾恩殿	有山墙和后檐墙，面阔外显五间，内显七间，进深外显五间，内显四间	30.46（东西）	东西向	1.95	2.62
	柱高：9.62 米	16.74（南北）	南北向	1.81	3.56

自振频率是由质量和刚度共同决定的，其中，建筑平面体型、墙体布置、柱高度、结构内部损伤等因素会影响结构的刚度。以上结构平面均为矩形，一般情况下，长边方向的刚度（抵抗变形的能力）会大于短边方向，从汇总表可以看到，全部结构均是长边方向的频率大；柱高也影响了结构的刚度，相同条件下，柱高越高，自振周期越长，频率会越低，如昭陵祾恩殿和长陵祾恩门结构平面类似，但由于昭陵祾恩殿柱高较高，相应的频率均低于长陵祾恩门。西配殿的振动特性基本符合规律。由于西配殿和东配殿结构布置完全一样，对两者进行比较发现，西配殿东西向及南北向频率稍微高于东配殿，没有明显的异常。

4. 地基基础雷达探查

采用地质雷达对结构地基基础进行探查。雷达天线频率为 300 兆赫，雷达扫描路线示意图、结构详细测试结果如下：

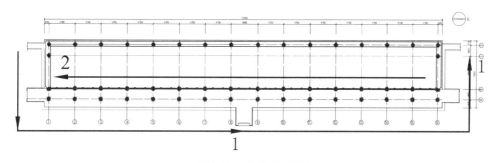

雷达扫描路线示意图

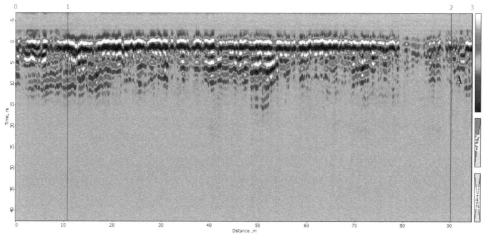

路线 1（散水外侧）雷达测试图

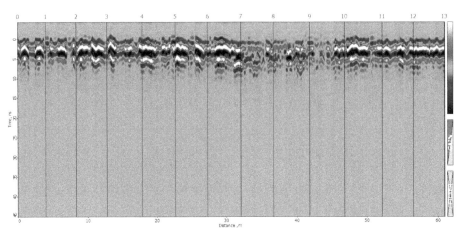

路线 2（室内西侧）雷达测试图

（1）由雷达测试结果可见，散水外侧反射波同相轴基本平直连续，下方没有明显缺陷的迹象，但 A 处反射波振幅较弱，原因可能为地基土含水量相对较大，介质的介电系数提高，对电磁信号吸收相对较强，导致信号衰减，振幅变小。

（2）由图雷达测试结果可见，室内地面反射波同相轴振幅较强，基本平直连续，衰减程度较快，地面比较密实，没有发现明显的异常。

由于地面无法开挖与雷达图像进行比对，解释结果仅作为参考。考虑探测范围内介质基本均匀，介电常数取 4 时，脉冲波传播时间为 15ns 的相应探测深度为 1.1 米。

5. 外观质量检查

5.1 地基基础

经现场检查，台基因年代久远局部存在自然坏损，如部分台帮条砖因风化产生酥碱剥离和断裂。

太庙西配殿台基条砖风化酥碱断裂

5.2 围护结构

　　两侧山墙和后檐墙为砖墙，经现场检测，墙体粉刷层局部存在细裂缝，后檐墙外墙面存在几处竖向裂缝，裂缝位于包砌柱子外，个别裂缝基本上下贯通。其他部位的墙体基本完好，没有开裂和鼓闪变形。

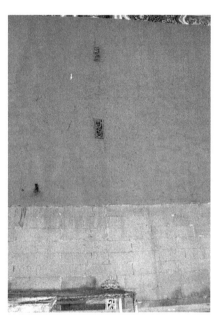

太庙西配殿台基后檐墙墙面裂缝（一）

太庙西配殿台基后檐墙墙面裂缝（二）

5.3 屋盖结构

屋面保存完好，仅生有部分草木，未见其他破损现象，檐口木件未见糟朽。

太庙西配殿屋面杂草

5.4 柱

木柱基本保持原状，材质良好，柱脚没有发现糟朽的迹象。

太庙西配殿木柱

5.5 木梁枋

木梁架未见明显变动，基本保持原状，部分梁枋表面存在历史渗漏痕迹，目前并未发现渗漏迹象，木构件除表面存在干缩裂缝外，材质基本良好。木梁枋中存在的主要残损情况有：

（1）较多梁枋及檩椽存在干缩裂缝，部分纵向联系构件下方已采取了支顶立柱的加固方式。

（2）梁、柱连系处榫卯节点发生拔榫和卯口下部劈裂。

典型木构架残损现状、各榀木梁架现状如下：

梁枋残损情况一览表

编号	残损类型	残损位置	残损程度	是否为残损点
1	拔榫	8-A-B轴抱头梁西端拔榫	上端拔榫70毫米，剩余50毫米；下端拔榫30毫米	是
2	拔榫	4-5轴脊枋北端与瓜柱连接处拔榫，榫下卯口压劈	拔榫50毫米	是
3	卯口下部劈裂	9轴脊瓜柱南侧卯口下部劈裂	轻微压劈	是
4	卯口下部劈裂	11轴脊瓜柱南侧卯口下部劈裂	轻微压劈	是
5	拔榫	12-13轴脊枋北侧拔榫，卯口下部劈裂	拔榫40毫米	否
6	卯口下部劈裂	15轴脊瓜柱南侧卯口下部劈裂	轻微压劈	是
7	拔榫	15-16轴脊枋北端拔榫30毫米	拔榫30毫米	否

太庙西配殿木构架 8-A-B 轴抱头梁拔榫 70 毫米（一）

太庙西配殿木构架 8-A-B 轴抱头梁拔榫 70 毫米（二）

太庙西配殿木构架 4-5 轴脊枋北端与瓜柱连接处拔榫、卯口下部劈裂

太庙西配殿木构架 9 轴脊瓜柱南侧卯口轻微压劈

太庙西配殿木构架 11 轴脊瓜柱南侧卯口轻微压劈

太庙西配殿木构架 12-13 轴脊枋北侧拔榫 40 毫米（一）

太庙西配殿木构架 12-13 轴脊枋北侧拔榫 40 毫米（二）

太庙西配殿木构架 15-16 轴脊枋北端拔榫 30 毫米

太庙西配殿木构架 15 轴脊瓜柱南侧卯口压裂

太庙西配殿 1 轴梁架

太庙西配殿 2 轴梁架（一）

太庙西配殿 2 轴梁架（二）

太庙西配殿木构架 2-3 轴东侧中金枋开裂

太庙西配殿木构架 3-4 轴西侧中金枋下支顶立柱

太庙西配殿 3 轴梁架（一）

太庙西配殿 3 轴梁架（二）

太庙西配殿 4 轴梁架（一）

太庙西配殿 4 轴梁架（二）

太庙西配殿 5 轴梁架（一）

太庙西配殿 5 轴梁架（二）

太庙西配殿木构架 5–6 轴西侧中金枋下支顶立柱

太庙西配殿木构架 5–6 轴东侧中金枋下钢拉杆

太庙西配殿 6 轴梁架（一）

太庙西配殿 6 轴梁架（二）

太庙西配殿 7 轴梁架（一）

太庙西配殿 7 轴梁架（二）

太庙西配殿木构架 7-8 轴西侧中金枋下支顶立柱

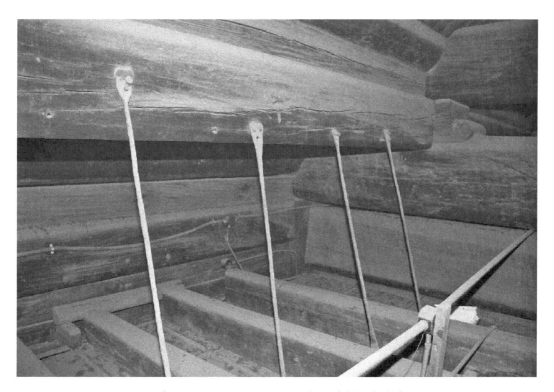

太庙西配殿木构架 7-8 轴东侧中金枋下钢拉杆

太庙西配殿 8 轴梁架（一）

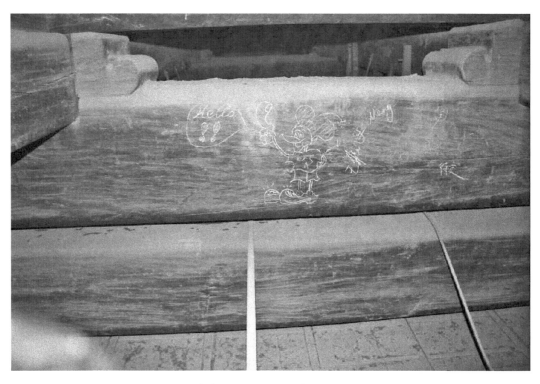

太庙西配殿 8 轴梁架（二）

太庙西配殿木构架 8-9 轴西侧中金枋下支顶立柱

太庙西配殿木构架 8-9 轴东侧中金枋下钢拉杆

太庙西配殿 9 轴梁架（一）

太庙西配殿 9 轴梁架（二）

太庙西配殿木构架 9−10 轴西侧中金枋下支顶立柱

太庙西配殿木构架 9−10 轴东侧中金枋下钢拉杆

太庙西配殿 10 轴梁架（一）

太庙西配殿 10 轴梁架（二）

太庙西配殿 11 轴梁架（一）

太庙西配殿 11 轴梁架（二）

太庙西配殿木构架 11–12 轴西侧中金枋下支顶立柱

太庙西配殿木构架 11–12 轴东侧中金枋下钢拉杆

太庙西配殿 12 轴梁架（一）

太庙西配殿 12 轴梁架（二）

太庙西配殿 13 轴梁架（一）

太庙西配殿 13 轴梁架（二）

太庙西配殿木构架 13-14 轴脊檩下方支顶立柱

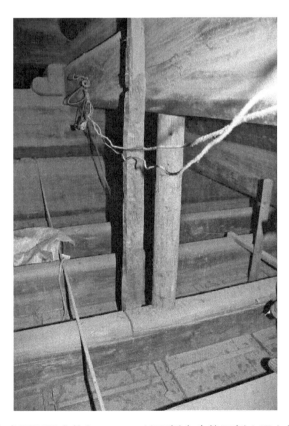

太庙西配殿木构架 13-14 轴西侧中金枋下侧支顶立柱

太庙西配殿 14 轴梁架（一）

太庙西配殿 14 轴梁架（二）

太庙西配殿木构架 14–15 轴东侧中金檩、枋开裂

太庙西配殿木构架 14–15 轴东侧中金檩、枋已支顶立柱

太庙西配殿 15 轴梁架（一）

太庙西配殿 15 轴梁架（二）

太庙西配殿 15 轴梁架（三）

太庙西配殿 15 轴梁架（四）

5.6 台基不均匀沉降

现场对房屋的柱础石上表面的相对高差进行了测量，测量结果见下图。

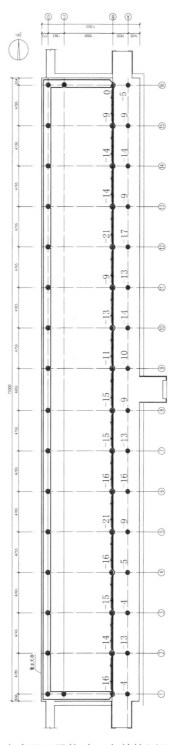

太庙西配殿柱础石高差检测图

柱础石上表面的相对高差测量结果表明，台基存在一定程度的不均匀沉降，5-B和 12-B 轴柱础石沉降量最大，与沉降量最小的 16-B 轴柱础石相比，相对高差为 21毫米，沉降量未超过《建筑地基基础设计规范》（GB50007—2011）规定的变形允许值。

6. 结构分析及处理建议

6.1 构件承载力验算

对主要承重构件进行结构验算，不考虑裂缝影响和地震作用。

屋面恒荷载标准值取 4.1 千牛 / 平方米，水平投影均布活荷载标准值按照《古建筑木结构维护与加固技术规程》取 0.7 千牛 / 平方米。材料强度等级暂按最低强度等级 TC11B 计算，按照规范要求乘结构重要性系数 0.9 后，抗弯强度取 9.9 牛顿 / 平方毫米，顺纹抗剪强度取 1.26 牛顿 / 平方毫米，顺抗压强度取 9 牛顿 / 平方毫米。

梁承载力计算表

构件	受弯效应（牛顿 / 平方毫米）	结构抗力 / 受弯效应	剪切效应（牛顿 / 平方毫米）	结构抗力 / 剪切效应
三架梁	2.12	4.66	0.40	3.13
五架梁	5.71	1.73	0.59	2.13

由以上计算分析可知，主要梁枋的结构抗力与荷载效应之比均大于 1.0，满足承载力要求。

6.2 地基基础

对台基及建筑上部承重结构进行检查，没有发现因地基不均匀沉降而导致的明显损伤，表明建筑的地基基础承载状况基本良好。

6.3 围护结构

分析开裂原因可能为：由于墙体仅起围护作用，木构架与墙体之间没有可靠的连接措施，木材与砖墙的力学特性也存在差异，在外力作用下不能保持协同工作，包砌柱子处墙体截面相对较小，属于受力薄弱部位，在外力作用下，墙体易开裂。

7. 检测鉴定结论与处理建议

7.1 检测鉴定结论

根据检查结果，承重结构存在若干残损点，已经影响了结构安全和正常使用，但尚不致立即发生危险，依据《古建筑木结构维护与加固技术规范》（GB50165—92），可评为 3 类建筑，有必要采取加固或修理措施。

7.2 处理建议

地基基础

建议对产生损坏的条砖进行修补，灰缝脱落处重新勾缝。

围护结构

由于目前围护墙承载状况基本良好，且开裂处对结构的安全性影响较小，建议仅对墙面裂缝进行修补。

屋盖结构

建议清除草木。

木梁枋

建议对存在干缩裂缝的构件进行嵌补，再用铁箍箍紧；对拔榫处节点进行铁件拉结，瓜柱劈裂部位加铁箍箍紧。

后　记

　　从此检测项目开始，许立华所长、韩扬老师、关建光老师、黎冬青老师给予了大量的支持和建议，居敬泽、杜德杰、陈勇平、姜玲、胡睿、王丹艺、房瑞、刘通等同志，在开展勘察、测绘、摄影、资料搜集、检测、树种鉴定等方面做了大量工作。在此致以诚挚的感谢。

　　本书虽已付梓，但仍感有诸多不足之处。对于文物建筑本体及其预防性保护研究仍然需要长期细致认真的工作，我们将继续努力研究探索。至此再次感谢为本书出版给予帮助、支持的每一位领导、同事、朋友，感谢每一位读者，并期待大家的批评和建议。

张　涛

2020 年 8 月 11 日